走近新科学

地 球

主 编：于 雷
撰 稿：于 洋 岳 玲
王明强 高 天
叶 航

吉林出版集团股份有限公司
全国百佳图书出版单位

图书在版编目(CIP)数据

地球 / 于雷主编. -- 2版. -- 长春 : 吉林出版集团股份有限公司, 2011.7 (2024. 4 重印)
ISBN 978-7-5463-5737-9

Ⅰ. ①地… Ⅱ. ①于… Ⅲ. ①地球科学-青年读物②地球科学-少年读物 Ⅳ. ①P-49

中国版本图书馆 CIP 数据核字(2011)第 136915 号

地球 Diqiu

主　　编 于　雷
策　　划 曹　恒
责任编辑 李柏萱
出版发行 吉林出版集团股份有限公司
印　　刷 三河市金兆印刷装订有限公司
版　　次 2011 年 12 月第 2 版
印　　次 2024 年 4 月第 7 次印刷
开　　本 889mm×1230mm 1/16 **印张** 9.5 **字数** 100 千
书　　号 ISBN 978-7-5463-5737-9 **定价** 45.00 元
公司地址 吉林省长春市福祉大路 5788 号 **邮编** 130000
电　　话 0431-81629968
电子邮箱 11915286@qq.com

编者的话

科学是没有止境的，学习科学知识的道路更是没有止境的。作为出版者，把精美的精神食粮奉献给广大读者是我们的责任与义务。

吉林出版集团股份有限公司推出的这套《走进新科学》丛书，共十二本，内容广泛。包括宇宙、航天、地球、海洋、生命、生物工程、交通、能源、自然资源、环境、电子、计算机等多个学科。该丛书是由各个学科的专家、学者和科普作家合力编撰的，他们在总结前人经验的基础上，对各学科知识进行了严格的、系统的分类，再从数以千万计的资料中选择新的、科学的、准确的诠释，用简明易懂、生动有趣的语言表述出来，并配上读者喜闻乐见的卡通漫画，从一个全新的角度解读，使读者从中体会到获得知识的乐趣。

人类在不断地进步，科学在迅猛地发展，未来的社会更是一个知识的社会。一个自主自强的民族是和先进的科学技术分不开的，在读者中普及科学知识，并把它运用到实践中去，以我们不懈的努力造就一批杰出的科技人才，奉献于国家、奉献于社会，这是我们追求的目标，也是我们努力工作的动力。

在此感谢参与编撰这套丛书的专家、学者和科普作家。同时，希望更多的专家、学者、科普作家和广大读者对此套丛书提出宝贵的意见，以便再版时加以修改。

目 录

天有多高

天的高度，是一个十分有趣的自然之谜，现在人们还在探索和研究。那么，天究竟有没有高度呢？从狭义上来说，天仅仅指地球的大气层，那就是说，天是有一定高度的，就是地球表面的大气层厚度。过去，人们认为，大气层的厚度是 1000 千米，换句话说，天只有 1000 千米高。后来，由于人造卫星上了天，测出大气层的厚度远不止 1000 千米，而是 2000～3000 千米，所以天高也就是 2000～3000 千米了。

从广义上来说，天是无边无际的茫茫宇宙，谁能知道它有多高呢！如果我们以地球与最远星球之间的距离为天高的话，就更难计算天高。

1973 年，天文学家通过对类星体的探测和计算，得知人类所能看到的最远距离为 347 亿光年。1982 年初，美国的奥斯梅尔曾带有疑问地判断：离我们 347 亿光年的地方也许是宇宙的边界。可是，就在奥斯梅尔文章发表后的几天，一颗破纪录的类星体被发现了。它处在离我们大约 360 亿光年的位置上，这也就是 20 世纪 80 年代初人类所看到的宇宙边界，也就是天的高度。不过，有的科学家认为：宇宙边界在何方，目前还是难以预料的。

地有多厚

这里说的地是指地壳。那么，地壳到底有多厚呢?最初人们只能猜测、推想，自从地震波传播的特性被发现后，这才找到了侦察地壳厚度的可靠武器。

地震波是地震时所发生的波动，它从震动的发源地向四面八方传播，在传播时，有和光波相似的性质，就是从一种物质传到另一种物质中时，速度会发生变化，如果物质的状况差别很大，就会像光遇到镜子或三棱镜一样发生反射或是折射。地壳和地壳下的物质状况，差别是很大的，因此它们的分界面应该是发生反射和开始折射的地方。1910 年，科学家莫霍洛维奇首先发现和证明了这一点。他根据发生地震时，有的地点同一地震波出现两次的事实，指出这是由于有一部分地震波直接到达了，还有一部分地震波本来是向其他方向去的，但因为折射，改变了方向，也来到这里。科学家根据这个道理测算地壳的厚度，初步测出是 60 千米。

后来，科学家们逐渐认识到，地壳的厚度在各地是不完全相同的。在大洋底下的地壳很薄，在太平洋北部有些地方，地壳的厚度只有 8 千米左右；大陆上的地壳就比较厚，例如欧亚大陆地壳的平均厚度约有 38 千米，而其中的山岳地区地壳更厚，我国西部许多地方常地壳厚达 60 千米以上。有的山岳地区地壳达 80 多千米。

穿透地壳

地壳的厚度是有限的，但是要穿透它却并不比飞到月球容易。那么，可不可以攻其薄弱的地方呢？于是，在大洋底下进行钻探的方案被提出来了，那里的地壳最薄，向下钻去不到 10 千米就能穿透，这在技术上是有可能办到的。可是，这是在大洋底下钻探啊！需要避免台风、激流的袭击，战胜海水对器材的腐蚀，需要有强大的动力和精湛的技术。

不过用机械的方法向地下钻孔，效率不是很高的。有没有其他方法帮助我们深入地球呢？人们想到了火箭。向地球内部发射一个火箭也许还带有幻想成分，但是利用推动火箭的强大喷气流来凿穿岩石却是可以做到的事情。这些喷气有强大的压力和很高的温度，能够快速地破碎岩石，像玻璃骤然受热会炸裂一样，岩石骤然受到高温也会崩碎，再加上有强大压力，破碎得就更快了，当用压力为 25 个大气压，温度为 3500℃的喷气流在花岗岩中穿凿时，曾经达到了每小时钻进 24 米的速度。当然，用喷气流钻孔，也并不是没有一点问题，譬如有的岩石受热后不是碎裂而是熔融，这就增加了前进的困难，但是在和自然界的斗争中，有一种困难也一定会产生一种克服困难的办法。

太阳风吹不到地球

地球的表面被厚厚的大气层所包围，大气层的厚度达 80 千米，这是保护地球的第一道防线。在 80 千米以外的稀薄的大气层，称为电离层。电离层对无线电波有反射作用，人们就是通过它实现了远距离的通信，它同时也是保护地球的第二道防线。很久以前，人们以为在电离层之外，就是一无所有的行星际空间了。1957 年，第一颗人造卫星上天后，通过人造卫星进行空间物理研究，人们发现，原来在距地面几万千米的空间，还存在着一个磁层，它是地球磁场与太阳风相互作用后，形成的一个像平放的圆筒那样的包体，正是由于有了这个磁层的存在，太阳风才吹不到地球上，从而保护了地面上的生物，这是地球的第三道防线。所谓太阳风，就是太阳每时每刻都在向外射出稳定的粒子流，它的速度可以达到每秒 350～450 千米。

大气层、电离层、磁层就像三道防波堤，保护着地球这个温暖舒适的避风港。宇宙飞船从地面发射后，在星际空间上航行时，会碰到种种危险。例如，飞船会遇上稳定的太阳风，会遇上太阳大爆发时喷出的巨大离子体火舌等。这样就会冲击宇宙飞船的航行，危及宇宙航行人员的生命安全。因此，研究星际空间的气候，并设法进行星际气象预报，对宇宙航行来说就是十分必要的。

电离层的本领

在晴朗的白天，我们会看到太阳发射的金色光芒洒满大地。在阳光中，含有大量具有极大能量的紫外线，当它穿过包围着地球的大气层时，会使大气分子和原子产生电离，生成电子、正离子和负离子。于是，在离地面 60 千米左右到 2000 千米高度的空间，便形成了一个厚厚的由电子正、负离子和中性粒子组成的混合体，这就是电离层。

电离层对电波具有吸收本领，对频率较低的中、长波吸收的能力最大。电离层的另一个本领是它自身变化多端，随着昼夜、四季和纬度的不同，以及太阳表面黑子活动状况，都要产生变化。

正是由于电离层具有这种特性，所以，当我们在白天收听电台广播时，由于中波无线电波在传递过程中被电离层大量吸收，收到的电台就少。而到了晚上，电离层对中波的吸收能力减弱，因此，中波广播可以向远处传播，人们收到的电台也就多些。对于短波来说，电离层对它的吸收能力较弱，电波会被反射到地面，而地面又将短波反射到电离层，于是，短波无线电波便以这种弹跳方式向远处传播。所以，人们听到的短波广播节目便会感到声音忽大忽小，很不稳定。

地球的空间环境

随着科学技术的发展，尤其是人造卫星、宇宙飞船的增多，研究空间环境的空间物理学越来越重要了。

地球周围的空间，是指地球的大气层和磁层。它是与人类生活密切相关的上层环境，是传输宇宙信息和太阳能源的渠道。大气层是地球表面之上的一层空气，其厚度可达几千千米，像一层地球的气体外壳。大气在地面附近很稠密，随着高度增加，大气变得很稀薄。磁层是地球磁场控制的一个更大的范围，其正对太阳的一边，可达到 7 万千米的高度；其背对太阳的一边，有一个长达 700 万千米的尾巴。磁层之外的空间则是由太阳和行星际磁场所控制。

地球的磁层和大气层，是保卫地面万物生长的巨大屏障。地球磁层阻挡了太阳风中的带电粒子流，保护大气层不被击穿和烧毁。大气层吸收了太阳的有害辐射：紫外线、伦琴射线、粒子辐射，保护地面生物免受伤害。由于大气层与高速飞来的流星和陨石碰撞使其烧毁，保护了地面生物和建筑物不被砸伤和破坏。大气层还吸收地球本身的红外热辐射，保持地球的温度。当然，有时太阳激烈变化，或巨大陨石进入，磁层和大气层阻挡不住，也会给地面带来一些灾害或造成一些损失。

磁 暴

当太阳出现耀斑，喷射出大量有害的辐射时，会对地面造成各种影响。太阳的粒子辐射流引起磁层变化和环电流产生，导致地磁场的大变化，称为磁暴。磁暴会使地面上电力传输线中感应出大的电流，造成过载和部件毁坏。磁暴也会对长途有线电信带来干扰和破坏，影响航空磁波探矿和地震的地磁测量。甚至有人研究磁暴会影响到某些生物的飞行——这些生物是以磁罗盘来测定方位的。有人统计过，磁暴期间，心血管病人的发病率和死亡率会增加。

飞出大气层的人造卫星和宇宙飞船，失去了大气层的保护作用，更要注意太阳和空间环境的破坏作用。它们都要根据大气层的资料，如大气密度、温度和高空风等，来进行外形设计、结构设计、防热设计和计算轨道。太阳辐射和磁层变化对卫星和宇宙飞船影响也很大，如太阳的有害辐射会伤害宇航员，破坏太阳能电池和其他卫星的传感器。一些卫星是利用地磁场来定位和姿态控制，而磁暴会使卫星控制失灵。在磁暴和磁亚暴时，磁层的局部电流，会使在同步轨道上的卫星产生高电压并引起火花放电，从而毁坏卫星。

地球的岩石层

近代地球物理观测发现，地壳下面的地幔顶部也是岩石层，之下才是处于熔融状态的地幔。

地震波通过地幔熔融区时，方向偏移，速度减慢，所以地幔熔融区也称为低速层，板块大地构造假说则称为软流圈。根据地震波传播方向和速度的突变情况，测定出地球岩石层厚度一般为 80～220 千米。在古老的大陆地块(如存在了 6 亿多年前寒武纪地质)下面，岩石层厚度往往超过 300 千米。而地质构造活跃的年轻地区(如海底山脉)下面，岩石层厚不到 40 千米。还可以根据不同深度岩石开始熔融的温度和温度随深度的变化来推测低速层的埋藏深度。因为地热——深度关系与地球内部逸散出来的热(即热流)有密切联系，所以可用地表热流的测量数据推算地球岩石层的厚度，其结果与地震波观测所得结论一致。

海洋下面的岩石层较薄，海底山岭附近只有几千米厚，随海底岩石年龄的增加而加厚，古老的海洋盆地和海沟附近，岩石层厚度达 100 多千米。大陆下面岩石层的厚度都超过 100 千米，在非洲、南美洲和南极大陆中部，以及北美和欧亚大陆北部，地球岩石层的厚度都在 300 千米以上。北京处于古老的华北台块之上，地下岩石厚度也超过 100 千米。

地球内部的圈层

我们居住的地球是个球体，可是它既不像皮球那样外面一层皮，里面全是空气；又不像铅球那样，是个从外到里完全一样的实心球体。根据科学家考察得到的材料证明，地球内部可分成好几个圈层。范围划分得大一些，它可分成地壳、岩石圈、中间层、地核等几个部分。地壳是指地面至地面以下 30～80 千米的一层。地壳的厚度各地也不尽相同，平均厚度为 35 千米，褶皱山系厚度可达 70 千米，而海底平均厚度只有 6 千米。从地面至 1200 千米深的地方(包括地壳在内)，叫做岩石圈，可分为积岩、花岗岩、玄武岩三个不同的岩层。中间层是指地面下 1200～2900 千米深处的一层。中间层又叫地幔。地幔的上端主要是岩浆，下半部则以铁、镍等金属氧化物和硫化物为主。由于地幔温度很高，所以各种岩石几乎被熔化得和柏油一样。而且倘若有地震发生，这种油样的岩浆就迅速喷射出来，这就是火山爆发。地幔以下就是地核了。它的半径大约是 3400 千米，密度极大，坚硬如钢，那里的物质大部分是铁，小部分是镍，所以也叫铁镍核心。在这核心里还蕴藏着很多放射性元素，它们变化无常，产生大量的热，所以越往地球内部温度越高，一般从地表开始每向下 100 米，温度就要增高 3℃。

圈层的划分

18 世纪中叶和末期，德国学者康德和法国科学家拉卜勒斯，先后提出了地球是由炽热的星云凝结而成的假设后，许多科学家都根据这个假设，推测地球在处于熔融状态时，物质会因比重不同而产生重沉轻浮，最重的都集中到地球中心，轻的浮在外面，冷却以后结成坚硬的地壳，所以地球一定是分成许多圈层的。但这仅仅是科学家的推测，很长时期内谁也没有办法使他们的说法得到证实。

1910 年，科学家莫霍洛维奇整理了 1909 年 10 月在南斯拉夫发生的地震记录以后，发现地震波在传到地下 60 千米处有折射现象发生。地震波的传播并不是随便乱闯的，而是有一定的规律。在不同的物质中，不但速度不同，而且从一种物质转向另一种物质的时候，一定会发生折射或反射的现象，根据这个规律，就下了个结论，说那里地下 60 千米处发生折射的地带，就是地壳与地壳下面物质的分界面。后来，利用地震波来探索地球内部构造的工作做得愈来愈多了，而且证明地球内部圈层确实存在。

20 世纪 40 年代，虽然苏联科学家史密特提出了地球形成的新的解释，说地球是固体的宇宙尘埃聚集而成的，但仍然不否认地球内部分成若干圈层的解释。

地层深处的压力

地层深处的压力就是上面地层的重量。探测表明，地球上最薄的地壳只有几千米厚，在那里每平方米将受到几万吨的压力。这压力是1米见方、几千米高、密度平均等于每立方厘米2.7克的一个岩石柱体的重量。地层深处，物质的密度比地壳上层要大得多，因为压在上面的岩石柱体很重，所以地层深处的压力是飞跃增长的，当深度增加1米，每平方米压力要加重5~10吨。

推算下去，地球核心的密度是每立方厘米14克，在那里，物体单位面积上受到的压力，竟达到350万个大气压。

有了上面的数字，可以认为地心是处在强大的压力下，在那里只有固体，而且是金属才能忍受，但是这样高的温度又使人猜想地核可能是液体。不过大多数学者都认为这种物质已不能用我们熟知的固体或液体的字眼来表示，它可能是一种人们所不知道的特殊物质，只不过从压力上来分析，它应该更接近于固体。根据对陨石的研究，推测地核可能是铁镍组成，所以一般都说地球内部是铁镍核心。特别是地震波在进入地核后，传播速度的逐渐增加，也使人们更加相信地核是一种更近似于固体的物质。

北回归线标志塔

地球上有许多看不见的线:回归线、经线、纬线。在一些国家,人们设置了一些标志,就使这些线成为看得见的线了。其中著名的有北回归线标志、赤道纪念碑和本初子午线纪念碑。

北回归线是太阳能够垂直照射在地球上的最北纬线，每年夏至，阳光直射于此,是热带和北温带的分界线。由于它具有特定的地理含义,因而历来是地理、气象、生物、农业、生态等许多学科用以阐明事物地理特征的分界线,在科学上占有重要地位,并具有广泛的实用价值。因此,在这条天文地理分界线上建立明显的标志,是十分重要的。尤其值得注意的是,世界上南北回归线经过的地方,大部分是沙漠或干旱地带,因而有人把这些沙漠分布区域称之为回归沙漠带。但是,北回归线经过我国的台湾地区,广东、云南等省,情况却是截然不同,有些地方的自然地理条件很好,雨量充沛,四季常青,生物资源丰富;其中富饶的珠江三角洲更是这块宝地中的宝中之宝。

我国北回归线标志塔建在广州、汕头、封开、嘉义四处。例如,广州北回归线标志塔坐落在市郊从化县太平场的果园之中，位于北纬 23 度 26 分 28.44 秒,东经 113 度 28 分 54.25 秒,海拔在 25.6 米的坡地上。

陆地下沉

有关科技人员发现我国自北向南的沿海城市，如天津、上海、广州等地都在下沉。起初，专家们以为只是局部地区的地面下沉，并且很快就找到一个令人信服的原因：人们抽取地下液体(如地下水、石油等)造成地层中矿物骨架被压缩导致地面下沉。于是，人们采取了相应的对策，如上海市进行地下水回灌，对局部地段有一定成效。然而，专家们很快又发现不仅一些大城市，一些远离大城市的沿海地区，与平均海平面相比，也在下沉；特别是那些与抽取地下水或石油根本无关的海岛，也有同样的现象。可见光用抽取地下液体太多来解释陆地下沉是片面的。据报道，世界各地沿海陆地都有下沉迹象，而且还发现有加速的趋势。世界上许多科学家经过深入的调查研究，终于揭开了这一陆地下沉的秘密：原来是平均海水平面在上升，于是陆地就相对下沉了。

为什么海水平面会上升？英国气象学家测得南半球海洋及印度洋的水温在转暖，使这些海面上的冰帽不断融化；世界上许多科学家在对过去 100 多年地球冰川的测试中，都证实了地球在变暖，使陆地上的冰河和极地上的冰层都有所消融。这样，海洋的含水量增多了，海水平面就上升了，陆地也就相对下沉了。

地球物理学

地球物理学是以地球为研究对象的一门应用物理学。这门科学包括许多分支学科，其中有地球的起源和早期演化、地磁学和日地关系、地震学、海洋地球物理学等。

地球在 40 多亿年前形成，早期面貌的遗迹现在已经找不到了。19 世纪初，随着科学的进步，拉普拉斯提出了著名的星云假说。他认为：太阳系原是一团高温的气体星云，围绕着太阳旋转。星云因冷却而收缩，根据物理学的角动量守恒原理，其旋转角速度愈来愈快，快到一定程度时，星云便由边缘部分抛出一个圆环；星云继续冷却、收缩，接连抛出一个又一个圆环。这一过程连续进行几次以后，这些圆环便各自聚成行星。地球物理学的另一个学科是地磁学和日地关系。地磁场主要来源于地球。地磁的研究传统与高空现象和日地关系的研究分不开，其主要内容有地磁场的来源、古地磁的研究、电离层的研究、磁层的研究等。

在地球物理学的家族中，地震学是重要的一员。地震是地下发生的物理过程，是地质活动的一种表现。

海洋物理学主要是应用某些地球物理方法，如地震、重力、磁力热流等，用调查船来勘探近海的地下资源，以及测量在军事上有重要意义的海底地形和浅层构造。海洋物理学包括海洋地震、海洋地磁、海洋重力等。

地球人口在膨胀

地球是人类的摇篮，没有地球便没有人类。

在人类社会发展的漫长历史时期，由于生产力水平很低，人类抵抗自然灾害和战胜疾病的能力特别弱，人口处于高出生、高死亡阶段，人口接近零增长，总人口数量增长非常缓慢，直到10万年前，全球人口才只有300多万。进入18世纪之后，随着社会的发展和科学技术的进步，人口死亡率逐步下降，人口增长率逐渐上升。1830年，世界人口达到第1个10亿。从这以后，人口增长速度明显加快。1927年世界人口达到20亿，用了将近100年时间。1960年左右世界人口发展到30亿，用了30年时间。1975年世界人口发展到40亿，用了15年。1987年世界人口发展到50亿，仅用了12年时间。

人口增加过快，人类消耗的资源就越多。而地球上的再生资源和非再生资源都是有限的，人类不能过度地向自然界攫取资源，更不能恣意破坏生态系统的平衡和稳定。

地球能养活多少人

1982年，世界森林覆盖率已减少到31.1%。生态学家认为，森林覆盖率至少要在30%以上才能有效地减少水、旱、风、沙等灾害，而目前的森林覆盖率已处在警戒线以下了。

淡水的过度消耗也向人类发出了警告。

除再生资源外，石油、煤、天然气、矿物等非再生能源，若按目前的消耗速度发展下去，不久将会枯竭。

民以食为天。据联合国粮农组织统计，全世界至少有9.3亿人得不到足够的食品而处于饥饿状态。有些发展中国家为解决人口剧增带来的粮食困难，盲目毁林造田、围湖造田，造成严重的水土流失和土地沙化。

在再生资源难以恢复常态，非再生资源有限的情况下，许多生态学家担心，长此以往，地球资源承载人口的能力有接近临界线的危险。营养学家认为，有9000大卡的热量便可获得一切营养成分。这样每人每年需占有粮食1000千克。然而，随着人口城市化和工业化的发展，还将占用大量耕地。世界上可供开垦的荒地已十分有限，更何况大量开垦还得冒破坏生态平衡的危险。如果人类能建立一个合理的世界秩序，能协调一致地去维护人类的家园，那么地球养活100多亿人口是完全可能的。

保护大气臭氧层

人类如果不采取措施保护大气臭氧层，预测到2075年，全世界将有1.51亿人患有皮肤癌，其中有300多万人将死亡；将有1800万人患有白内障；农作物将减产7.5%；水产品将减产25%；材料的损失将达47亿美元。

臭氧层位于大气平流层内，距地表25~50千米。它能吸收太阳紫外线，使地球上的生物免遭紫外线的伤害，被誉为地球的保护伞。然而，近年来科学家们发现，全球的臭氧层都受到不同程度的破坏，尤其在南极上空，臭氧损失最为明显，在春季减少40%，形成了一个臭氧层空洞。这一现象引起了全世界科学家的关注。大量的科学研究表明：臭氧层的破坏与人类排放的氟氯烃有关。氟氯烃作为制冷剂、发泡剂、溶剂等应用十分广泛，全世界年产量近200万吨。氟氯烃的化学稳定性很强，能在大气层中存留几十年到上百年。因此，即使人类停止排放氟氯烃，臭氧层的恢复也需要很久。

臭氧层的臭氧每减少1%，将使有害的紫外线辐射增强1.5%~20%，这不仅给人体健康带来威胁，使皮肤癌和白内障的发病率上升，还危害农作物和影响水生生物的生长繁殖。紫外线辐射的增强还会加速塑料等合成材料的老化。由于紫外线对化学烟雾的形成起着催化作用，因此，臭氧层的破坏将引起光化学烟雾的增多。

大气污染的魔爪

高耸的珠穆朗玛峰，也有污染物的蛛丝马迹。中国登山队的测定表明，在珠峰的每升雪水中含污染物铜 5.8 毫克、铅 17.2 毫克、锌 35 毫克、镉 0.1 毫克、锰 8.4 毫克。大气污染物的魔爪，为什么能伸向珠峰呢？

原来，许多环境污染物借助风行云移，能够漂洋过海，浪迹天涯。对它们来说，没有不可逾越的界限和鸿沟。珠峰峰巅的重金属污染，就是乘印度洋的西南季风长途跋涉而来的。科学家把大气污染物的飘流传播，戏称为"全球风的民主"，意思是世界上任何地区污染物的释放，都会影响到我们大家。

1986 年苏联切尔诺贝利核电站事故，大量放射性物质外泄。放射性尘埃先是向北飘去，继而风又把它送到西北和西南。邻近的许多国家惶恐不安，纷纷采取紧急措施，但却无法阻挡放射性尘埃的到来。南斯拉夫空气中的放射性尘埃明显增加，当局要求居民不要利用雨水，不要饮用放牧于野外的牛、羊产的奶，不要生吃新鲜蔬菜。事故发生后不久，放射性尘埃扩散到了遥远的日本。

"全球风的民主"助纣为虐的典型事例是二氧化碳的跨国界污染。美国的工业废气严重殃及加拿大。尤其是五大湖地区，许多大电厂烟囱排放的烟气，一遇南风便长驱直入北邻。

全球气候变暖

近百年来，全球气候在波动的过程中趋于变暖，估计在未来几十年里，地面气温仍不会改变这种趋势，将比 1850 年平均上升 1.5℃～4.5℃。地球变暖的直接原因，是大气中聚集的二氧化碳等气体迅速增多。大气中的二氧化碳就像一面单面透光的镜子那样在起作用，它使太阳光不受干扰地照射到地球表面，而地球反射的热却散不出去。这也就是温室效应。统计表明，20 世纪大气中二氧化碳的含量为 265%，而现在却已达到 340%，预计到 21 世纪中期还将增加一倍。那么，为什么大气中二氧化碳等气体的含量会不断增多呢？这就得归咎于人类自己。人类在进入工业社会后，大量采用矿物质作能源，它在燃烧过程中放出大量的二氧化碳等气体；另一方面，人类又对能吸收二氧化碳并能放出氧气的森林资源进行破坏，乱砍滥伐，毁林造田等。

由于人类对环境没有给予应有的保护，而促使地球变暖。科学家预计，在未来 50 年间，海水平面可能会再升高 30 厘米以上。而有的科学家认为，100 年后，海平面可能升高 5～10 米。到那时，大片陆地将被侵吞。不仅如此，地球变暖还将给地球的其他方面带来严重后果，如生态平衡遭到破坏，自然灾害增多等。

把二氧化碳锁入海底

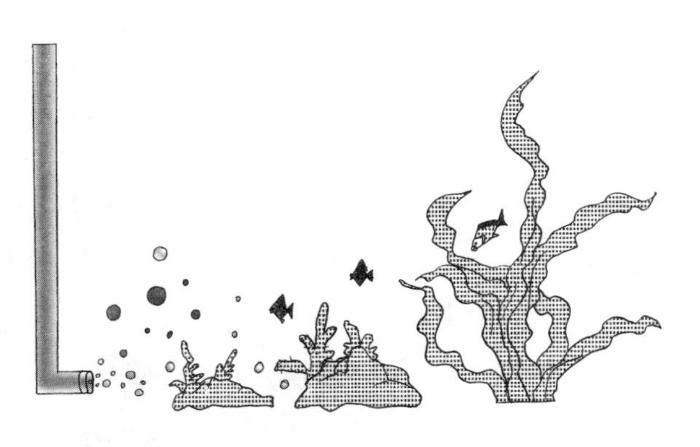

一直困扰着科研人员的全球变暖问题有望得以控制。英国和挪威的科学家们在北海附近开始了一项联合试验：他们将数百万吨的温室效应气体液化后注入海底岩石中，使全球变暖的罪魁祸首困入冷宫，永无兴风作浪的可能。

科学家们设法将1000多米长的管道埋入北海海底岩石中，然后将液化的二氧化碳注进这些管道。从理论上说，二氧化碳在与水、矿物质接触后会起反应，形成颗粒状。科学家们把二氧化碳注入海底后数天的迹象表明，这一理论得到了验证。负责这次实验的英国地质勘测局的发言人表示：将温室效应气体注入海底岩石的做法是非常明智的。同时，这意味着人类完全有能力安全地处置发电厂、炼油厂等工厂产生的二氧化碳。二氧化碳是煤、石油和其他含碳燃料燃烧后的副产品，是全球主要的温室效应气体，也是造成全球温度每10年升高2℃，并导致冰山融化和海平面上升的主要原因之一。

国际能源组织的一位科学家认为，将二氧化碳转变为液体后注入深海，由于二氧化碳的比重比海水大，因此它会被锁在那寒冷、高压的海底世界，并一直保持液化状态，不会再危害环境。

变害为利

当今对地球环境造成威胁的有两个主要因素：一是因为二氧化碳的增加而引起的温室效应；二是氟氯烃造成的臭氧层破坏。科学家们在积极研究如何减少二氧化碳排出的同时，也在研究如何使二氧化碳化害为利。

这方面进展最快的是利用二氧化碳繁殖藻类，然后用作饲料。还有人用小球藻开发出保健食品，所以它的前景更令人瞩目。

日本正在大力研究利用二氧化碳加强小球藻的繁殖能力。在 1 升培养液中放入 0.1 克小球藻，用模拟太阳光的阳光照射，并通以二氧化碳浓度为 10%～15%的气体，流量为每分钟 0.25 升，结果 7～10 天后小球藻繁殖到 0.6 克。这是因为多吸收二氧化碳有利于光合作用。大量繁殖的小球藻含有 50%～60%的蛋白质，非常适合作为家畜的饲料。当然，它的用途绝不仅仅限于这一点。

利用藻类光合作用使二氧化碳变害为利，是削减二氧化碳的积极而理想的方法。它很可能成为 21 世纪防止地球变暖的主要手段。

热岛效应

密集的人口、鳞次栉比的建筑群，纵横交错的街道和川流不息的车辆，使城市的温度高于郊区的温度。通常，大城市市区的年平均温度比郊区高 0.3℃～1.8℃；在一些特殊气象条件下，市中心与郊区之间的温差可达 4℃～6℃。在气象学中，把这种现象称为城市的热岛效应。

原来，砖瓦水泥结构的建筑群，纵横交错的柏油、混凝土路面，以及铺着柏油的屋顶，颜色都比郊外的土壤和植物的颜色深，吸收太阳光的本领要比浅色的物体强；贮存和传递热量的本领也比土壤大得多。因而它们既能有效地贮存较多的热量，又能很快地向大气传送大量热能。再加上林立的工厂烟囱和千家万户的小炉灶散喷出的有害气体交织在一起，笼罩着城市，起到了一定的保温作用。

在现代化城市中，生产、生活和交通运输都需要消耗大量的煤、油等燃料。它们燃烧时产生的大量热量，不可避免地会有相当多的一部分通过烟囱、排气管直接释放到大气层中，除了使城市的近地面空气层额外地增加许多人为的热量外，还使城市上空的大气层中二氧化碳、一氧化碳、氮氧化物、3,4－苯并芘等有害气体以及煤末、烟尘、粉尘等固体、液体的悬浮微粒一天天地多起来，造成大气污染。

热岛效应的影响

近年来，北京市随着工业的发展和人口的增加，能源消耗加大，使城区成为一个巨大的热源。大量的人为热量影响着城市气候，使城区与郊区的气候差异加大，其中尤以气温最显著。城区年平均温度比郊区偏高1.1℃～1.4℃；城区年温差比郊区偏小0.2℃～0.7℃。一年之中，北京城区与郊区的温差以11月份为最大，达2℃。11月15日前后北京城区开始采暖，温差比上半月高0.9℃；5月份出现温差最大值(1.9℃)；7月份因阴雨天气较多，而出现温差最小值(1.0℃)。北京地区在晴朗、微风或小风的天气条件下，热岛强度较强。热岛效应可使城市的夏天变得更加酷热，使人中暑发病率增高，工作效率降低。

为了减轻乃至消除热岛效应造成的不良影响，有必要控制城市发展的规模，限制在城区发展耗能大的火力发电厂等工业，根治三废污染，扩大城市绿化面积，保留池塘水域，适当地降低建筑密度。最好把城市规划成扇形或风扇状等不规则形状，其间镶嵌绿地、林带，以利通风散热，消除污染。道路走向应尽量使主干道走向与夏季盛行风向一致，并在郊外开辟大型林地，让那里清凉、洁净的空气，沿道路、河流等组成的风廊源源不断地输入城市。

给地球撑个伞

科学家们经过研究认为，20 世纪 80 年代全球的平均气温比上个世纪同期高出 0.7℃，如按此速度发展下去，在 21 世纪初，全球的平均气温有可能再上升 3℃。地球气温升高，会加快欧、亚、美三大洲的高山积雪和冰川的消融，使海水量增加。与此同时，海水的体积也会因受热膨胀而增大，这将导致海平面上升。这样，会使世界上许多岛国从地球上消失，而首当其冲的是印度洋中部的岛国马尔代夫。另外，像荷兰、孟加拉国和埃及等大陆国家沿海的大片低洼地带，也有可能被海水淹没。

为改变不幸的命运，科学家们提出了一个大胆的设想：给地球撑一把遮阳伞，让它为地球遮挡阳光的照射。

一位名叫渥尔特的科学家认为，这种遮阳伞，可以由人造卫星带到太空，再施放到离地球 150 万千米的位置上。这个距离大约相当于月球和地球之间距离的 4 倍，地球同步卫星离地面距离的 40 倍。

经过计算，在这个位置，居高临下，能够为地球遮阳的太阳伞的面积，至少有 450 万平方千米。这样，它就可以将辐射到地球上来的太阳光的 3.5% 遮蔽掉，从而使地球的平均气温下降 2℃～5℃。

地球的春夏秋冬

光秃秃的树木就要发芽了，蛰伏冬眠的动物也要苏醒了，在那冰雪已经解冻、泥土发出芳香的大地上，春天迈步走来。春天的降临，在我们的印象中似乎是年年如此，岁岁相同，冬去春回，循环不已。但是，地球上的春天其实在不断变化，打开地球亿万年的历史就可明显看出。

在几十万年以前，地球上曾经有过一个比今天寒冷得多的时期，那时地球上的气温平均比现在要低好几度，加拿大、北欧、西伯利亚等地都像今天的南极一样，是冰封的大陆。

可是在这以前，地球又曾经历过一个比现在暖和得多的时期。今天的塞外草原曾经是炎热的沼泽，今天的南极洲也曾经植物繁茂，郁郁苍苍。

假如把地球上冰川广布的寒冷时期看作地球所经历的冬天，那么，今天正处在地球历史上的冬去春回时期，气候正在一天天变暖。南北极的冰雪都在消融，现在已减少了1/3以上，而且还在继续减少，北极有些冰雪冻结而成的岛屿，已因冰雪融化而消失了。

地球有冷暖变化

地球在发展过程中，为什么会有冷暖变化呢？目前虽然还未得到确切完满的答案，但有些原因，已经初步探索出来了。首先是受太阳活动的影响。太阳是地球上热的来源，它所射出的热不是一成不变的，这就会影响到地球上气候的冷暖。大气的透明度和成分也是有影响的。大气中的尘埃多了，阻挠阳光通过，地球上就要冷些；而二氧化碳的增加则使大气的吸热能力增强，有助于气温的升高；大量二氧化碳溶于水形成石灰岩和植物的吸收，是减少大气中二氧化碳的因素；火山喷发增加着二氧化碳也增加着尘埃，人类、动物的呼吸和燃烧也是二氧化碳的重要来源。由于地壳运动而使陆地面积扩大或缩小，使高山增加或减少，也都对气温高低有影响。也有人认为气温的变化是受地球两极位置变化的影响。

有人认为，在宇宙中有些部分含有大量尘埃，当地球随着整个太阳系围绕银河系的中心旋转时，会定期通过这种宇宙尘埃很多的空间，这时太阳射来的热大量被尘埃阻挡，地球上的冰川因而广泛出现。

这些原因都有一定根据，现在可以这样认为，地球上的气候不是永远不变的，而是在不断发展。但要全面解释地球冷暖的变化规律，还有待进一步探索、研究，才能作出定论。

地球冬天会消失

一些学者研究表明，到 21 世纪上半叶，全球气温上升近 3℃。这意味着什么呢？计算和观测表明，气温上升是不均衡的。气温在热带变化很小，在中、高纬度(尤其是高纬度)地区，升高幅度很大，因此，全球平均气温上升 3℃时，高纬度地区将产生巨大的变化，而且主要是对寒冷季节产生影响。计算表明，到那时候，将不再有现代意义的冬天。冬天气温降到 0℃以下的时间将十分短促，雨和冰都将消失。

未来几十年内将要发生的气候转暖的许多其他重要后果也是值得研究的。例如，北半球高纬度地区的永久冻土带将开始逐渐由北向东转移。这种变化将给这个地区的水文条件、植物群落状况和农业生产的各个环节带来意想不到的变化。此外，大气降水条件也将发生巨大的变化，在全球气候转暖的情况下，地球大部分大陆地区降雨量将有所增加。不过在纬度 40～50 度的地带降雨量则会减少，这对农业不会带来什么好处。

在未来，影响地球气候的人为因素将起着越来越大的作用。数十年后，到 21 世纪中叶，如果仍然保持今天进入大气层的二氧化碳的速度的话，那么气温还将升高数度，而使现代气候变化的自然因素逐渐失去作用。

两极气候的差异

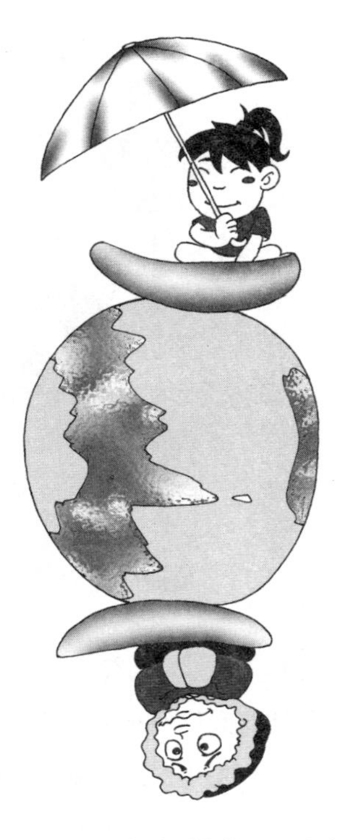

南北极的差异是很多的。从地形上说，两极地区一高一低，一个是大陆一个是海洋。据测量，北冰洋最深处的深度和南极大陆最高点的高度相差不远。这种地形特点，决定了两极气候的差异。南极是世界最冷的地区，最低温度曾达到过-94.5℃。南极风速极大，一般平均为每秒24米。由于风大、降水量小，南极又是最干燥的地区。生物很难在南极生存。南极的动物有企鹅等，但人类至今还没有在那里定居的，每年只有科学工作者在那里进行艰苦的考察工作。在南极那有限的无冰区(只占南极陆地的2%)里，仅有些苔藓之类的生物。北极地区比南极温度平均暖20℃，人类早已在那里定居生活了几千年。目前北极圈内土著人就达60多万，如果加上欧、亚、北美大陆移去的居民，估计有200多万人；10万人以上的城市有两个，1万人以上的城市则多达30多个。当然，这些人多聚居在北极区较温暖的地带。北极一些地区夏季温度常在0℃以上，地表层冰雪融化，出现绿苔或低矮的灌木，称为苔原地带。这里生长的耐寒花木植物约有400种以上。在北极圈内还有大量的哺乳动物，如北极熊、北极狐等。

两极的矿物资源

南极与北极地处地球的南北两端，一个是地势高峻、终年冰封的南极洲，一个是冰层覆盖的大海北冰洋。

南极洲有着十分丰富的矿物资源。据初步调查，在南极横断山脉中有着非常集中的煤炭矿藏，其中有一个煤田面积约100万平方千米，煤层厚度6~9米，为世界最大的煤田之一。在南纬85度的地区也发现有厚0.5~2米的煤层。这些煤层中发现了许多中生代(距今0.7亿~2.25亿年)的苏铁、羊齿植物和松柏类等乔木植物的化石，表明南极洲当时炎热湿润、森林密布，并非冰天雪地。在南极洲铁矿更为丰富，在靠近印度洋的查尔斯王子山脉，有一个世界最大的铁矿，厚度达100米，绵延120千米，是一个露天矿。在毛德地和戴维斯湾也发现有铁矿山。在南极半岛一带已发现有银、金、锰、钼、铜、镍、钴等矿。在火山区有大量的硫黄矿。据推测，在南极洲还有丰富的石油，以及铀、钍、钚等放射性矿藏。南极的矿物资源虽然丰富，但由于气候、地理条件的限制，至今还没有大量开采的经济价值。而北极地下的丰富资源正逐步得到开发，如美国阿拉斯加州北部、加拿大北部麦肯齐三角洲和波弗德海的石油和天然气等。俄罗斯北部地区的石油和天然气藏量，占全国总藏量的2/3，开采量也在增加。

地球的模样

人类正确地认识所居住的这个星球的形状，经历了漫长的时间，也付出了巨大的代价。远古时代，人们用天圆地方来解释我们身处的世界。随着生产力和科学技术的不断发展，人类逐渐认识了地球的基本形状。通过海上航行，对月食和日食的研究，以至人类第一次环球航行探险的成功，人们最后证实了地球是个球体。到了科学技术高度发展的今天，由于人造地球卫星的发射成功，使人类有可能从几十万千米的宇宙空间观测地球，于是人类对地球的形状有了精确的概念。

地球是一个两极稍扁，赤道略鼓的球体。从地心到两极的半径比地心到赤道的半径短一些，所以地球是个扁球体。1971 年，国际大地测量和地球物理协会决定采用以下数据：赤道半径(长半径)为 6378.160 千米；极半径(短半径)为 6356.775 千米。

尽管扁率很小，可它对人造卫星轨道的变化却有着极其灵敏的影响。通过近年来人造卫星的观测发现，地球也不是以赤道平面为对称平面的扁球体，而是北半球较细，较长些，南半球较粗、较短些。地球的北极半径比南极半径长 40 米左右。这样一来人们终于确认：地球是个不规则的扁球体，还有点像梨状体。

地球大小的变化

地球是个没有生命的球体，照说没有生命大概不会有大小的变化吧。可是，事实并不是这样，譬如：我国长江口的崇明岛就是由江水所挟带的泥沙淤积而成；上海，这个建筑着高楼大厦的都市，在若干万年前，也不过是鱼类悠游的地方。地球显然没有生命，但是它却一刻也没有停止过变化。

有人说，地球是从太阳里分裂出来的。起初也是一团炽热的熔体，经过长时期的冷凝后，就收缩成有硬壳的地球了，因此地球是在缩小。并且科学家对阿尔卑斯山作了调查研究后，推断地球的半径比两亿多年前缩短了两千米；又有人说，根据阿尔卑斯山的变化，还不能给整个地球的发展做出结论，地球的形状和大小的变化是复杂的，譬如现在发现沿赤道——地球的半径有加长的现象。

另外有些人说，地球是由宇宙尘埃积聚起来的。这种尘埃还在继续向地球聚集，譬如经常有陨石落到地球上来。据科学家估计，一昼夜间进入地球大气中的宇宙尘埃，约有10万吨之多；而地球上大气层的物质也在不断地向宇宙太空散失，不过这数量非常微小。

地球究竟是在长大，还是在缩小，目前仍然是一个谜。

侧斜着身子运转

地球侧斜着身子绕太阳运转。正因为如此，地球上才有春夏秋冬之分。地轴为什么会倾斜呢？科学家提出：在地球形成后约1亿年，地球轨道近处一个小行星突然闯进地外空间，与地球猛烈相撞。由于原始地球没有大气层保护，这颗直径约1000千米，重量达1012亿吨的星体以每秒11千米的速度撞向地球，使地球的自转轴发生了23.5度的倾斜，表面温度升高了1000℃。这一撞使地球从此有了四季，更适宜生物繁衍生长。

证明地球曾受过行星撞击的另一个事实，是在地壳中的中生代地层和新生代地层的里面，发现了一层含铱较丰富的薄黏土层。铱是比黄金、铂更贵重的稀有金属，在地壳中含量极少。而在地核和小行星、彗星中，铱的含量就多一些。科学家认为那时(距今约6500万年前)地球遭到了一颗巨大的镍铁陨星的撞击。它的化学结构与地核十分相似，因此含铱量比地壳中丰富，从而在地壳中留下含铱量突增的痕迹。

科学家还认为，当这颗巨大的镍铁星撞击地球时，由于气温的升高，尘埃的弥漫，地球上有75%以上的物种被灭绝，地球险些成为不毛之地，只有那些繁殖率高，适应性强的较小物种，才勉强存活了下来。

地球自转的证据

地球本身的椭球体形状，就是它自转运动的第一个证据。做圆周运动的物体具有离心的趋势，因此地球上的物质有向赤道方向移动的趋势，所以地球的两极应该扁平，赤道应该突出。第二个证据是不同纬度上的重力不一样，极地较大，赤道较小。地球自转线速度随纬度的减低而增大，由此所产生的惯性离心力也随纬度的减低而增大，这样，一部分重力被惯性离心力所抵消。另外，又由于地球是椭球体，纬度越低，距地心越远，因而重力也越小。极地海平面的重力与赤道海平面的重力比为 190：189。第三个证据是落体偏东。因为当物体从高处降落时，由于惯性，仍保持它原来随地球向东自转时的速度，而高处的速度比低处稍大，物体便沿着抛物线偏东降落。验证地球自转最生动的试验是傅科摆。1851 年，法国物理学家傅科悬吊起一只又长又重的大摆，使其自由摆动，从而让观众清楚地看到地球确实在转动。这是因为单摆如无外力干扰，摆动方向保持不变。设想在北极地区有一只自由摆动着的单摆，地球沿逆时针方向转动，摆仍保持其原来摆动的方向。我们站在单摆下，并不感到地球转动，反而觉得摆按顺时针不断改变方向，每小时可改变 15 度角。

地球转动是不均匀的

地球并不是那么老老实实地按照均匀速度自转的，在一年内，它有时快有时慢，在几十年内，有几年会突然转得快些，而有几年，却又慢了下来。

原来，世界各地的天文台，都有一种走得十分准确的石英钟，这种石英钟放在天文台特设的地下室里，那里一点风、一点声音都无法进入，里面的温度也不能有一点儿变化，以免影响石英钟的正确性。石英钟在清静的地下室里，计算着地球自转一周的时间。

天文学家从来没有对石英钟的工作正确性发生什么怀疑。不料，石英钟却开起玩笑来了。首先是德国波茨坦测地研究所的天文学家发现石英钟在秋天忽然慢了下来，而到了夏天却又走得很正确。这种变化当然很微小，但习惯跟数字打交道的天文学家，却不肯放过这看来微不足道的变化。法国的巴黎报时台、美国的华盛顿报时台、英国的格林尼治天文台、前苏联的天文台，都发现自己地下室里的石英钟，有不正常的“调皮行为”，秋天走得慢一些，春天走得快一些。难道世界各地的石英钟都会产生同样的毛病？不会！于是，天文学家从另一方面去怀疑：地球在秋天转得慢，春天转得快。现在已经真相大白，地球的转动是不均匀的。

地球转动不均匀的原因

地球在3、4月间转得最慢，在8月间转得最快。地球的自转运动不仅在一年中是不均匀的，在许多世纪的过程中也是不均匀的。在最近两千年来，每过100年，一昼夜就要加长0.002秒钟。而且，每过几十年，地球还会来一个跳动，在有几年转得快，有几年又转得慢。科学家们孜孜不倦地找寻原因，提出许多见解来：有人认为这与南极有关。南极的巨大冰河正慢慢融化，就是说，南极大陆的冰块在减少，南极大陆的重量在减轻。这样，地球失去了平衡，影响了自转速度。有人认为与月亮有关。月亮能引起地球上海水的涨落，这种涨落是和地球旋转的方向相反的，这样就使地球的自转速度逐渐变慢。最新的解释是：阻碍地球正确运动的是季节风。英国科学家杰福利斯计算过：每年冬天从海洋吹到大陆上，夏天又从大陆流向海洋的空气(就是风)，重量大得难以相信，竟有300万亿吨！这么大重量的空气，从一处移到另一处，过一阵，又从另一处移回来。这样地球的重心就起了变化，地球的轴发生了变动，结果旋转速度也就时快时慢。

影响地球自转均匀性的原因究竟是什么，天文学家还在探索中……

一年之内的变化

古希腊学者亚里士多德曾说过:“地球变化同我们短暂的生命相比,是很缓慢的,因此简直注意不到它的变化。”但是,随着科学的发展,地球跳动的“脉搏”,地球的“新陈代谢”,已逐渐被人察觉。

有人测出,地球正在发胖,一年之中,地球直径伸长了5毫米。又有人测出,地球正在放慢速度,它的自转减速了。致使地球上一昼夜的时间增长了百万分之五秒至百万分之十四秒。

地球一年绕太阳走了9.6亿千米。在面对太阳的情况下,吸收了14×10^{18}千瓦小时的能量,或者说,地球在一年中从太阳中吸收了相当于17亿吨煤的热量,可惜这些能量只被人应用了极少一部分。每年从宇宙落到地球上的陨石有3.6万亿~7.2万亿块。尽管这些天外来客在长途旅行中,损耗极大,但以每块平均1毫克计算,也有3600~72 000吨之巨。地球的面积是5.1亿平方千米,每年降落到这块土地上的雨量约5.1×10^{14}吨,这相当于地壳上陆地水和陆地冰的总重量。显然,在地壳上每年蒸发掉的水也有这么多,才能保持平衡,循环不息。蒸发的水中90%是由海洋蒸发的。

地球上的闪电

据有关资料报道，地球上除北纬 82 度以北，南纬 65 度以南的高纬度地区外，世界各地几乎都有雷雨分布。即使那浩瀚无垠的撒哈拉沙漠，平均每年也可听到一次雷声。但是，雷雨在世界的分布却不是平均的。一般来说，雷雨最多的地区，还是以赤道和热带地区为主，这儿有许多著名的雷雨中心。

千岛之国的印尼爪哇岛，是世界上最大的雷雨中心，雷雨日天数平均每年有 220 个。本岛的茂物，更是雷雨中心的中心，被誉为雷电王国。茂物每年平均 332 天午后有雷雨，有时一天多达几场，累计每年有 1400 多场！年降水量为 4618 毫米。

就整个地球来说，地球上空每秒钟发生 100 次闪电，一年发生 31.536 亿次，而每次闪电可把空气中的氮转化为氮肥，相当于 80 千克。这样，一年由于闪电制造的氮肥，落到地面上约有 4.38 亿吨之多。

闪电的速度在每秒 160～1600 千米之间。当雷电达到地面时，速度可达每秒 14 万千米，接近光速的一半。观察闪电的长短视地区和可见度而变化。在山区，当云层很低时，人们看到的闪电不到 91 米长；在平原，当云层很高时，可以看到 6 千米长的闪电。人们所能看见的闪电可长达 32 千米。

地球的最大伤疤

在地球表面上，东非大裂谷是一个奇异的地方。这里就像被人用刀深深地划开一长条口子。广义的东非大裂谷，是从靠近伊斯肯德仑港的南土耳其开始往南，一直到贝拉港附近的莫桑比克海岸。水注进那些割裂最深的"伤口"，形成了 40 多个与众不同的条带状或串珠状湖泊群。亚洲部分包括约旦河谷和死海，通过红海登上非洲大陆，到达图尔卡纳湖以后，分为两支，环抱非洲最大的维多利亚湖继续南下，在马拉维湖北岸又合而为一。裂谷跨越 50 多个纬度，总长超过 6500 千米，人们称它是"大地脸皮上最大的伤疤"。

未被湖水占据的裂谷带，表现为一条巨大而狭长的凹槽沟谷，宽度 50 千米左右。两边都是陡峻的悬崖峭壁，高差达数百米至千米以上。谷底同断崖之间是两条平行的深长裂隙。裂隙深达地壳底部，自然成为地下的炽热岩浆喷出的通道，因此，裂谷带也是非洲大陆上最活跃的火山带和地震带，总共拥有 10 多座活火山和 70 多座死火山。结果就出现了悬殊不同的奇异的地貌形态：一方面是非洲大陆上地势最低的深沟，有几个湖泊的水面甚至低于海平面；另一方面，沿裂隙涌上来的熔岩流，构成裂谷两岸宏伟的埃塞俄比亚高原和东非高原，前者海拔 2000～3000 米，为非洲最高部分，素有非洲屋脊之称。

东非大裂谷

东非大裂谷是矿藏丰富的“聚宝盆”。沿火山口断层裂隙涌出来的熔岩，从地壳深处带上来大量铁、铜等金属元素，富集成矿。裂谷这深厚良好的沉积环境，又为石油、褐煤、石膏等沉积矿床的形成，创造了极为有利的条件。那一连串的湖泊，大都是咸水湖，还有取之不竭的食盐和纯碱等。特别引人注目的是，20 世纪 60 年代在红海裂谷底部，发现三个奇异的高温热洞，涌上来的热卤水富含卤素和铁、锰、铜、锌等各种金属元素。分析表明，热卤水沉积物中的金属矿的总储量高达上千万吨！另外，裂谷地区普遍蕴藏着丰富的地热资源，仅埃塞俄比亚境内就有 500 多处高温的温泉和喷气孔。单把吉布提阿法尔三角区的地热资源全部开发利用，其发电量就足够整个非洲使用。

裂谷区大部属稀树草原或半沙漠地带，地势开阔，人烟稀少，那些大小湖泊也是热带动物赖以生存的宝贵水源，因此大裂谷便成了珍禽异兽的乐园。许多国家在这里开辟自然动物公园和野生动物保护区。游客必须坐在汽车里，才能安全地观赏野象、狮子、河马、羚羊、斑马、长颈鹿、鸵鸟等。

人类离不开水源，东非大裂谷也是已知的古人类的最早发源地。

板块结构论

大海湛蓝澄碧，深邃无比。它覆盖着地球约 2/3 的表面积，蕴藏世间无数的奥秘。人类的许多发现正是从这里开始的。1915 年，德国地球物理学家魏格纳发表了专著《海陆的起源》，以全新的理论、确切的证据系统地阐述了海陆的起源，科学地解释了今日的海陆分布，并预测了日后海陆的变化。这一专著推翻了传统的地壳以升降运动为主的“槽台说”，使人耳目一新。然而，限于当时的科学技术水平，魏格纳当年煞费苦心地寻找的大陆漂移的动力真谛，原来深深地藏在海洋深处，一个崭新的大陆构造学说——板块构造论应运而生。板块构造把整个地球外壳分成 7 个主要板块(太平洋板块、欧亚板块、非洲板块、美洲板块、印度洋板块、南极洲板块、纳兹卡板块)，它们由较轻的硅铝物质组成，像木板似的浮在地球的地幔上，互相挤压、碰撞、排斥……造成了今日地球上雄伟的山川、湖泊、海洋……这一学说目前已被大多数学者认可，并认为是当代地球科学中激动人心的前沿，地壳运动的最好模型。

绘制海底地貌构造图

1982年，美国地球物理学家皮尔·赫克斯皮把海洋地球卫星的遥测数据输入24台电子计算机，日夜工作了整整18个月，终于将数据变换成了一幅幅清晰的洋底地形图。赫克斯皮为什么根据地球引力的数据换算就能绘制出海底地貌构造图呢？我们知道，引力的大小是与质量、距离等因素密切相关的。根据牛顿的万有引力公式可以算出，地球引力大的地方是隆起的高山，引力越大，隆起也越高，引力逐渐变大的区域是上升区，而引力小的区域则一般是凹陷的深海海沟，引力由大趋小的区域则往往是下沉区。将引力相同的点连成等高线，然后就可逐步绘成地图。赫克斯皮还创造性地运用了彩色图，他设计了一张色值表，用颜色来区分不同的等高线，以明暗度的变化来模拟高度的变化。他将各种深浅的红、绿、蓝颜色编上从0～255的号码，地图上每一点都有个颜色编号。这样，计算机根据编码逐点填入相应的颜色，也就是海底山脉和隆起部，深色则表示引力小之处，也就是海沟所在地。

赫克斯皮根据以上的方法绘出了一幅南印度洋洋底图，图上绘有一组四列山体组成的山脉，它们的高度在2700～3000米之间，直径达96千米，已被看作是一列海底洋脊。

地心的状态

地震波的发现，帮助我们找到了一项探测地球内部情况的有效工具。地震波从一种物质传到另一种物质时，如果物质的差别很大，便会像光波一样发生折射或反射。利用这一点，我们证实了地壳与地壳下的物质有很大的差别。从地壳下面直到地下 2900 千米的深处，地震波的传播速度一直在增加，而且增加得比较均匀，表明这一层物质状态基本上相同，它被称为中间层。纵波和横波都在中间层中迅速传播，证明这里的物质是固体，因为横波只能在固体中传播。到了地下 2900 千米的深处，变化显著地出现了，纵波的传播速度突然跌落了许多，而横波更找不到了，在此以下直到地球中心，显然有特殊的性质，被称为地核。由于在地核中没有查出横波的传播，这给主张地心是液体的说法提供了证据。

对原子结构认识的深入使人们产生了新的想法。苏联科学家发现，在 5 万～20 万大气压下，原子结构一般就开始变形，它的化学性也开始改变。当压力增大到 140 万大气压时，元素的原有化学性质会全部丧失，而处于一种超紧密的状态。地下 2900 千米深处的压力正好相当于 140 万大气压，不少科学家认为，这里的物质状态既不是气态，也不是固态或液体，而是在我们习惯了的环境中所没有的新状态，被称为超固态。

地球也在呼吸

地球表面上的海水，随时随刻都被无形的三只大手争夺着。一只大手是地球对海水的引力(也称万有引力)；另外两只大手分别是月亮和太阳对海水的引力。这三个引力相比较，地球的引力最大，使海水永恒地依附在地球表面。太阳虽然比月亮大，但是太阳距离地球比月亮距离地球要远 400 倍，所以月亮对海水的引力比太阳大。据计算，月球对地球的引力作用会使地球表面升高 0.563 米，太阳的引力作用使地球表面升高 0.246 米，这样加起来可知海水最大潮差应为 0.8 米左右。但是，由于海水容量增减和各地区地形的不同，潮差往往是千差万别，有些地方的潮差竟高达 19.6 米！其实，海水并不是地球上唯一的能够产生潮汐现象的液体物质，无独有偶，地球的固体地壳同样会产生潮汐效应，只是人们无法感觉到罢了。它不同于海水潮汐的地方是有它自己固定的潮汐，每月两次，一般地表升 10 厘米左右，有些地区还可达 60 厘米。

如果从地球以外作同步观察，地球就好像一头熟睡着的庞大蛋形巨兽，一张一缩地周期呼吸着，虽然它并没有进行什么物质交换，但把地表涨落现象称为地球的呼吸是最形象不过了。大气层呢？它同样受到了引力的作用，虽然起伏变化很小，但它也应算作地球的一种呼吸形式。

计算地球半径

埃及的塞恩有一口枯井，很深，井口很小。每年夏至日的正午，阳光可以一直照到井底。当阳光正好垂直照射在塞恩的时候，所有垂直物体的影子都缩成了一个点，影子就消失了。而塞恩以南或以北的任何地方，阳光和弧形的地面会形成一个夹角，所以会留下影子。天文学家埃拉托色尼想，根据一个垂直物体所形成的影子的长度，可以求出阳光和这个垂直物体所形成的夹角。如果从地球的中心画两条直线，一条引向塞恩，一条引向出现影子的地方，那么，根据几何上的原理，这两条引线所形成的夹角，等于阳光和这个垂直物体间所形成的夹角。只要知道了夹角的大小和它们对应的那段弧的长度，就可以算出地球的周长。有一年夏至，埃拉托色尼来到距离塞恩正北有 5000 斯塔迪姆(埃及长度计算单位)的亚历山大里亚，在地面上垂直竖起一根木杆，量出它在正午时最短的影子，求出了阳光与垂直物体所形成的夹角大约等于 7 度。埃拉托色尼因而求出了地球的圆周是 25 万斯塔迪姆。1 斯塔迪姆大约等于 0.1 英里，25 万斯塔迪姆相当于 2.5 万英里，即 4 万千米。这个数字和现在已知地球的赤道为 4.0076 万千米非常接近。知道了圆周长，也就可以求出地球的半径为 6363 千米，和现在已知地球半径为 6357～6378 千米也非常接近。

地球的直径

公元前 210 年 6 月，盛夏的烈日高悬在埃及亚历山大古城的上空。行人都不愿在骄阳下久留，只有一位秃顶的老人，肩披一件白色宽袍，跟着骆驼的步子在行走。骆驼慢慢向前，每走一步，驼铃就当地响一声。老人聚精会神地数呀数，当骆驼走完 1000 步，老人就在手中的一根木棍上刻上一道刀痕。就这样，老人随着骆驼队在炽热的沙漠上朝南走，一直走到阿斯旺。经过几十次反复地测量，老人终于算出了从亚历山大古城到阿斯旺的距离，还利用正午太阳的投影计算出地球子午线的长度，然后推算出地球南北极之间的直径是 12 630 824 米。这是人类第一次推出地球的南北极直径。这位老人就是古希腊的科学家埃拉托色尼。

又过了许多年，到 1735 年 5 月 16 日，一艘法国军舰护送着一支由天文学家、数学家和制图学家组成的考察队，从法国的拉罗尔港出发，直驶南美。舰上配备着当时最新的测链、转镜经纬仪、望远镜等仪器。经过 8 年的考察，1743 年，他们宣布了南北极直径的数值：12 707 216 米。

20 世纪 60 年代初，科学家借助于人造卫星和电子计算机，算出了南北极直径是 12 713 884 米。1976 年，国际天文学家联合会宣布了地球赤道半径长度，根据这个数字推算，南北极直径应该是 12 713 510 米。

测量子午线的人

子午线就是经线，它是地球上通过南北极的假想线。测量子午线的长度，对计算地球的大小有很大关系。世界上最早测量子午线的活动，是在唐代的著名天文学家一行倡导和组织下进行的。

一行(683～727)他从小勤奋好学，青年时即以精通天文、历法而闻名。当时的权贵武则天的侄子武三思因慕名想跟他结交，他不愿与他纠缠，逃到河南嵩山做了和尚。后来唐玄宗请他进京主持修订新历法。

为了修订新历法，一行对天文现象进行了认真的观测和研究，公元 724～725 年，他倡导和组织了实测子午线长度的活动。这次实测，测量地点多达 13 处，测量的范围，北起蔚州(今山西灵丘)，南达林邑(今越南顺化附近)，全长近 4000 千米。测量的内容包括北极高度和冬至、夏至、春分、秋分这几天中午的日影长度。这次测量活动，以太史监南宫说等人在河南滑县、浚仪(今开封)、扶沟和上蔡 4 个地点的测量最为重要。根据南宫说等人的测量数据，一行计算出，如北极高度相差一度，南北距离就相差 129.22 千米。这个数据就是子午线 1 度的长。这个数据同现代测量子午线 1 度的长 (111.2 千米) 相比虽然有较大的差距，但它是世界上第一次测量子午线的记录，在天文学史上具有重要的意义。国外最早测量子午线的活动比我国晚了 90 年。

地球磁场的影响

科学研究表明，每天孕妇分娩的频率曲线与延滞6小时的地磁日变曲线几乎重合，磁暴发生的第一天，出生频率较高，第二天略少，第三天、第四天又增加，直到磁暴结束时才减少到正常水平。因此，磁暴发生时，往往早产儿增多。一些研究还显示，地磁场总强度降低时，人类性成熟相应加快，而身高的增长略为减慢。这一结论不仅得到苏联和东欧各国数百次实验的证实。如地球上磁场总强度最低的巴西的里约热内卢，那里的孩子比生活在南美洲其他地区的孩子要矮一些；非洲地磁场总强度较高，中非的卢旺达的土土丝族男子超过了欧洲男子身高。从事母亲和儿童保健工作的专家们则注意到，在太阳活动增强(磁暴、太阳黑子等)期间，早产、自发流产、后期妊娠中毒频率升高，儿童的死亡率也增高。

苏联神经生理学家尤·霍洛多夫指出，地球磁场的变化能够改变人的运动活性，影响学习和记忆。强磁暴易使人激动和疲劳，抵抗力下降，大脑反应迟缓，行动迟钝。在弱磁场作用下，人的运动活性增长，对光、电的敏感度也加强，学习能力提高。科学研究还告诉人们一个有益于健康的方法，就是人体如长期顺着地磁方向，可使肌体的器官机能得到调整和改进。

指南针的发明

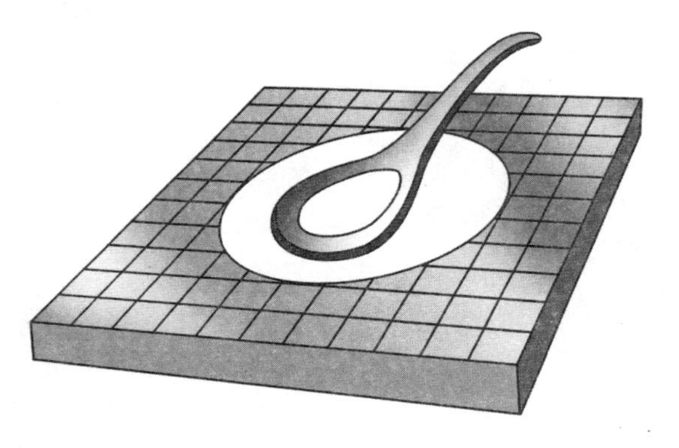

我国古代很早就有了关于磁学的知识，不仅发现了磁石的吸铁性，而且知道了磁石在地球磁场中的指极性，并能巧妙地应用这些知识发明了指南针。

指南针的始祖是司南。早在公元前4世纪，当时一部名为《鬼谷子》的书中就有这样的记载：故郑人之取玉也，必载司南，以避免迷失方向。在公元前3世纪《韩非子》一书中，也有“先王立司南以端朝夕”的记载，“端朝夕”就是确定方位的意思。司南像一把圆底的勺子，是用天然磁石制成的，把它放在光滑的刻有方位的地盘上，勺把儿可以指向南方。司南在使用时必须配有地盘，所以人们叫它“罗盘”，这是世界上最早的指南针。但是，天然磁石的磁性较弱，而且在加工制作司南的过程中，因受打击震动等影响还会失去一些磁性；再加上司南与地盘接触的地方摩擦阻力比较大，因此很难达到预期的指南效果。随着生产的发展，特别是航海业的发展，需要有准确的指向仪器。我国劳动人民在长期的生产和生活实践中，经过反复的试验，最早发明了人工磁化的方法。公元前2世纪，汉初《淮南万毕术》一书中，就有关于人造磁体的最早的记载和磁体同性相斥的记载。

水的来龙去脉

人类居住的地球有3/4的面积被水覆盖，因而地球有水行星之称。地球上的总水量有15亿立方千米，其中98%存在于浩瀚的海洋，只有少量的水存在于江河湖沼。还有少量的水，有的渗入土壤、岩石之内，有的冰冻在高山顶峰，有的化为水汽飘浮在地球的周围，有的供生物需要潜藏在生物体中。

地球在距今46亿年前，是由宇宙中的球粒陨石群集结而逐渐形成。最初，地球上的水绝大部分是以结晶水的形式存在球粒陨石之中。地球在形成过程中，球粒陨石集结使地球温度剧增，结晶水逐渐被汽化成水汽，伴随频繁的火山喷发被赶了出来，漂游在大气中。大约又经过20多亿年，球粒陨石集结的固体地球块才逐渐形成，其重力增加，大气中的大部分水汽不再被其他星球摄引而散逸。当地球表面温度冷却到低于100℃时，大气中水蒸气开始凝结成小雨滴，并在一定条件下陆续降落到地面，绝大部分通过地面径流归宿海洋。地球周围的大气是不多的，它能容纳的水汽就更少。但是，随着地球内部温度的继续升高，愈来愈多的水汽通过火山的活动跑到大气中，因此海水数量的增加是长期逐渐积累的过程。现在地球上水的总量大致等于组成地球的球粒陨石含水总量。

地球不会被淹没

我们知道，在表面 5.1 亿平方千米的地球上，每时每刻总有些地方在降水。有人统计，平均每年有 52 亿立方千米的水量降落在地面或水面上。如果这些水积聚在地球表面，会出现不堪设想的恶果，要不了多少年，积水就会淹没地球，使整个地球变成水球。事实上，地球年龄虽然已近中年，但水陆面积仍然是七分水，三分陆地，原因在哪里呢？

科学家告诉我们，地球上各种水体的存在并不是孤立的，而是相互联系构成一个整体。各种水体在太阳光辐射或热的作用下，不断被蒸发和植物蒸腾化为水汽，飘浮在空中，被气流携带到各地，冷却凝结形成降水。降落到地面上的水，在地心引力的作用下，大部分经过江河汇集流入海洋或湖泊，小部分下渗到土壤和岩隙之中。这样，降水、径流、蒸发、冷凝又降水，周而复始的旋回，使各种水体不断进行着自然更新。据计算，大气中的全部水汽平均每 8 天可以更新一次，全球的河水平均每 16 天更新一次，海洋水确实浩大无比，更新一次需要 3.7 万年。由于各种水的旋回移动，不断更新，使地球上各种水体的总储量基本上保持不变，自然地球也就不会被积水淹没了。

我国水力蕴藏量

水是人类宝贵的自然资源之一，早已被人们所开发利用。

河川径流量的多寡是水利资源丰富与否的一个重要标志，有了丰富的水量，才有灌溉、发电、航运、工业及城市居民供水的条件。我国是世界上河流水量最多的国家之一，无疑水利资源是极其丰富的。

河流具有分布广，水量大，循环周期最短，暴露在地表，取用方便等优点。因此，是人类依赖的最主要的淡水水源，我国工农业及居民生活用水主要取自于河流。在工业上，生产1吨钢需要100吨水，造1吨纸需水250吨。我国能成为世界上生产稻米最多的国家，在短时间内能解决十几亿人的吃饭问题，与河流的灌溉之利也是分不开的。

河川水流具有巨大的能量，是取之不尽，用之不竭的动力源泉。河流的水力蕴藏量取决于径流量和落差两者的大小。我国不仅有丰富的河川径流，而且有世界上最高的山脉和高原，许多河流从这里发源后奔腾入海，落差又特别大。因此，我国水力蕴藏量特别丰富，约为6.8亿千瓦，居世界首位，相当于美国的5倍多，占全世界水力蕴藏总量的10%左右。

我国水力资源的分布

按区域分布来说，我国水力资源主要分布在西部地区。大约在纵贯南北的京广铁路以西的区域要占全国 90%以上，其中西南地区最高，约占全国的 70%。若按行政区计算，西藏东南部的水力资源约占全国的 30%。青藏高原的东南缘，地势的下降非常大，有数条大河如澜沧江、怒江和雅鲁藏布江都奔流于此，水源由冰雪融水和降水供给，比较稳定，水势都很湍急，声势浩大，如万马奔腾，所以蕴藏着极丰富的水能。据对西藏主要河流统计，这里天然水能蕴藏量约有 2 亿千瓦。随着今后大西南地区的大开发和工农业的迅速发展，对电能的需求不断增长，该区水能资源将会得到较充分的利用，可为国家创造巨大的财富。

我国河流水电资源总的分布趋势是南方较多，北方较少；西部较多，东部较少。这与煤、石油的地区分布恰好相反，两者取长补短，使全国的能源分布更趋合理。在诸河流中，长江水系的水电资源最为丰富，约占全国总量的 1/2 以上。火电成本是水电的 7～8 倍，因此，在我国大力发展水电事业，既有条件，又十分必要，它能为工农业生产提供充足的电力。

河流的作用

河流是天然的航线，具有运量大，成本低，投资较少的优点。水运成本是铁路运输的 1/2，是公路的 2/5。因此，内河运输不仅是古代运输的主要手段，而且在交通工具现代化的今天，也占有重要的地位。我国航运的优良条件，在某些地区，如长江流域，水运量与其他运输方式相比，则居于首要地位。

我国主要的通航河流(长江、珠江、黄河、淮河、松花江等)，几乎整个水系都在国内，这对航运十分有利。而且这些大河既深入内地，又沟通海洋，为河海联运创造了良好条件。

河流广阔的水域还是天然的鱼仓。我国各地的河流中盛产各种名贵的淡水鱼，如黑龙江的大马哈鱼，黄河的鲤鱼，长江的鲥鱼、桂鱼、凤尾鱼等都驰名中外。此外，还可以利用河流水体进行多种经营，除养殖鱼、蟹、珍珠外，还可种植水生植物，为农副业生产及工业生产提供饲料和原料。

入海河流的河口段是不少海洋鱼类产卵的地方，每到产卵季节，大量海鱼沿河而上，形成渔汛，是捕捞的大好时机。近海的海洋渔场也与河流有着密切关系，河流把陆地上的大量鱼饵带入海洋，众多的海鱼便在河口附近洄游寻食，例如著名的吕泗、舟山等渔场就在长江和钱塘江口附近。

人均水资源量

地球上的淡水资源是非常有限的。联合国粮农组织1995年的调查表明，全世界淡水用量4.13万亿立方米，农业和工业用水分别占世界用水总量的70%和25%。据专家测算，因人口增长，到21世纪初，全球淡水利用量将增至7万亿立方米，人均水资源拥有量将减少24%，年人均供水量将由目前的3000立方米降至2280立方米。

根据水文地理学家关于一个国家如果平均每人每年供水不足1000立方米即为缺水国家标准，目前世界上有80个国家(约20多亿人口)正面临淡水资源不足，其中26个国家(11个在非洲，9个在中东，6个在其他地区)的3亿多人生活在缺水状态中。中国人口占世界总人口的22%，而淡水占有量仅为8%，人均淡水拥有量只有世界人均值的1/3，是众所周知的贫水国家。中国水资源总量为2.8万亿立方米，排在世界第6位，新对149个国家和地区的统计，中国人均水资源量仅排在第109位，全国有300多个城市缺水，其中100个城市严重缺水，农村有8000万人饮水困难，农业每年缺水达300亿立方米。

21 世纪的水战争

联合国粮农组织提供的报告说，从 1980 年至 2000 年，每年人均可享有的水资源，欧洲从 4400 立方米降至 4100 立方米；亚洲从 5100 立方米降至 3300 立方米；非洲从 9400 立方米降至 5100 立方米；中东大部分地区是沙漠，雨量稀少，水资源已成为这些国家生存、发展和安全的生命线。科学家估计过不了 10 年，埃及、尼日利亚、肯尼亚的人均水供应量将分别减少 30%、40%和 50%。

世界卫生组织调查发现，现在发展中国家有 10 亿人喝不上清洁水，每天有 2.4 万人死于因饮用脏水或污染水引起的疾病。近年来世界粮食产量下降，其中一个重要原因就是水源不足。

水资源日益短缺，极易成为不安定因素，导致一些国家为争夺水源而发生冲突。当今世界上有 40%的人口生活在 250 个河流流域，许多国家为争夺这些水源已采取或正采取种种措施，潜伏着爆发争端的危机。埃及、苏丹和埃塞俄比亚关于尼罗河水的争吵从未间断过；巴基斯坦和印度也在争比亚斯河、萨特莱杰河和拉维河的流水；波利维亚批评智利调走劳卡河的流水而降低了它地下水位……

人类缺水

地球上的水并不少。作为“蓝色金子”的水覆盖着71%的地球表面。但在地球上13.8亿立方千米的水资源中，98%都是含盐的水，淡水只有3000万立方千米，而且其中88%呈固态(冰帽和冰川)。在12%的淡水中，多数都是地下水，人们可以直接取用(即从河流和湖泊中取用)的淡水只占0.014%。

地球上的水分布极不平衡。世界每年约65%的水资源集中在不到10个国家里，而其人口共占世界总人口的40%的80个国家却严重缺水，另26个国家的水资源也很少。另一方面，人类使用水资源的方式也加剧了水资源的紧张形势：在每年消耗的淡水资源中，家庭用水占8%，工业用水占24%，灌溉用水70%。人口的增加和城市化进程严重影响着水资源形势。

水消费形势的变化使水资源分布的自然不平衡形势变得更加复杂了。由于生活水平和生产方式的不同，水的消费差别也很大。各地每人每天消费的水为：美国600升，欧洲200升，非洲30升，以色列260升，巴勒斯坦70升。但是，由于发展中国家的灌溉用水量很大，所以发达国家的用水并不一定都多于发展中国家。

现在，地球上有15亿人缺少饮用水，到2050年，缺少饮用水的人将达到20亿！最缺水的国家达20个。

解决水危机

既然远水解不了近渴，有的人又把目光投向了地下水。是的，地下水可以作为城市用水的一个来源，而且适量地抽取对地层影响也不大，抽走的部分可以由降雨来补充。但是，地下水开采绝不能过量，开采过量就会对地层产生影响。

调远水来解近渴耗资太多，地下水又不能过量开采，而每年的降雨量又十分有限，那么怎样来解决我国城市的水危机呢？专家们认为，唯一的办法就是节约用水，合理地利用有限的水资源。这里节约用水的含义十分广泛，它主要是指调整用水的结构，建立合理的用水体系，加强用水的管理。对于节约用水必须形成全民意识，提倡在生活中珍惜每一滴水，尽量避免水的浪费。节约用水就是解决水危机的一种很有效的方法。在 20 世纪 70 年代以前，美国和日本都发生过水危机，由于开展节水工作，70 年代以后，美国和日本的经济虽然在不断地发展，但用水量都呈现下降的趋势，缺水的情况大大缓解。经验告诉我们，只有靠节约用水才能摆脱缺水的危机。

岩石中也含有水

在人们的心目中，水和湿是紧密联系在一起的，但也有例外：干燥、坚硬的岩石中照样也含有水，这种水叫做岩石水。人们所知道的岩石水包括两种：一种是结晶水，一种是物理结合水或浸渍水。

石膏、明矾、胆矾(硫酸铜晶体)等，一旦加热就可流出水来，同时由块状变成碎粉。这种化合物中的水分子数目和结合形式是固定的，人们称它为结晶水。它的存在与否，直接影响物质的性状：含水的硫酸铜为美丽的蓝色晶体，而无水的硫酸铜则是白色的粉末；晶状的石膏块若失去部分结晶水，就变成有滑腻感的粉末，再加水，又会恢复成晶状的石膏块。根据这一特点，石膏被用于制作模型、医用绷带等。

近年来，科学家们还发现，在每平方米 10 吨的压力下，地下开采出来的岩石也可挤出水来。这种水称为物理结合水，它存在于岩石的间隙，所以又可称其为间隙溶液或浸渍溶液。这种岩石水含有两种微生物，一种具有很高的生物化学活性，能分泌出很多的酸，金属在这种溶液中的溶解速度要比在普通水中快 10～20 倍。来自岩石的这种水在金属矿藏中移动时，形成金属的饱和溶液。若碰到游离的地下水，就使这些水中也富集金属，可帮助人们发现矿藏，这就叫“水文地球化学找矿法”。

世界第一标

1975年5月27日，我国测绘史上一个伟大而光辉的日子。清晨，东方吐白，3颗红色信号弹从指挥所腾空而起，登山队员向珠峰发起最后的冲刺。分布在珠峰左右两肩之上，坚守了9个昼夜的10个观测点上的测绘队员们早已架好仪器，盼望那激动人心的时刻。

14时40分，步话机传来大本营收到的喜讯：我国9名男女登山队员已于14时30分胜利登上顶峰了，并且在峰顶竖起了一个3米高的红色金属觇标——世界第一标。

测绘队员们争分夺秒地对着觇标观测、记录。连续3天，队员们进行了4个不同时段，16个测回的水准、寻线、天文、气象、重力、三角等测量，掌握了第一手珍贵的珠峰测量数据。

1975年7月23日，中国政府授权新华社向全球公布：珠穆朗玛峰顶的海拔高为8848.13米。这一精确数据，立即得到联合国教科文组织和世界各国的公认，很快成为世界地图集和教科书上的权威数据，在人类文明史上填写了一行闪光的数字。

世界第一大峡谷

世界第一大峡谷是1994年由中国科学家首先发现并论证的。1998年10月19日，由科学家和新闻工作者组成了科学探险考察队，实施首次徒步全程穿越大峡谷核心地段的科考计划。在这次科学考察中，国家测绘局派出测绘专家和工程技术人员携带精密仪器对大峡谷进行了实地测量。他们在大峡谷核心地段分别埋设了测量标志，采用先进的GPS技术和常规测量技术，经精确测量，获得了大量的科学数据。考察结束后，测绘专家结合1：250000国家基础地理信息数据库进行计算，最终得出权威结论：雅鲁藏布大峡谷入口处在派乡转运站，出口处在巴昔卡村，实际长度为504.6千米；其最深处位于南迦巴瓦峰、里勒峰与雅鲁藏布江交汇处——宗容村，谷深6009米，单侧峡谷最深处在德哥村附近，谷深7057米，大峡谷平均深度为2268米，核心地段平均深度为2673米。

1998年10月，经国务院批准，大峡谷被正式命名为雅鲁藏布大峡谷。

1999年2月26日，国家测绘局在北京正式公布，雅鲁藏布大峡谷经测绘专家精确测量，全长为504.6千米，最深为6009米，是世界第一大峡谷。

天然博物馆

雅鲁藏布大峡谷是全球降水最多、热带森林纬度最高的地区。高登义研究员曾多次率队赴雅鲁藏布大峡谷进行科学考察，他首先发现并提出和论证：由于水汽通道作用，使大峡谷地区的气候条件发生了显著的变化，将热带北推了5.5个纬度，达到北纬29度，大峡谷的高山高，北坡具有从热带、亚热带、温带到寒带的气候带和自然带的分布。著名地球物理学家、气象学家叶笃正院士将雅鲁藏布大峡谷誉为全球气候和环境变化的缩影。大峡谷北面远处山顶上是寒带地区白雪皑皑的景象，北岸山上是温带地区郁郁葱葱的针叶林，南面河谷地段是亚热带常见的枝叶繁茂的阔叶林。

雅鲁藏布大峡谷是世界上山地垂直自然带分布最齐全、最完整的地区。这里物种丰富，植被茂密，原始生态环境保护完好。科考队发现大峡谷有3000多种植物种类，这比美国全国的植物种类多50%，被科学家誉为植物类型的天然博物馆。科学家在绒扎瀑布附近的山中发现了红豆杉树，该树的红豆呈圆形，皮红，内核发黑，酷似南国的红豆。在1998年科考中，生物学家惊喜地发现，在大峡谷原始森林中幸存着许多珍奇生物和一种古老而原始的昆虫——缺翅虫。这一发现，填补了我国在昆虫领域这一科目的空白。

喜马拉雅山

我国青藏高原南缘的喜马拉雅山脉，海拔 6000 米以上。它将亚洲的主大陆和南亚次大陆一障隔开，成为世界上最高的山墙。墙北是高大的青藏高原；墙南是低矮的印巴古陆。南北地质、地貌、气候、生物迥然不同，呈现两种不同的自然景象。

喜马拉雅山脉绵延在中国西藏与巴基斯坦、印度、尼泊尔、锡金、不丹之间，东西长约 2450 千米，南北宽 200～350 千米。这堵墙的最西端是克什米尔的喃咖帕尔特峰(8126 米)，最东端为雅鲁藏布江大拐弯处的喃迦瓦峰(7756 米)，中部凸向西南，为一巨型山弧。喜马拉雅山是世界峻峰的聚会地，山峰大多都为雪峰。海拔 7000 米以上的雪峰多达 40 多座；8000 米以上的巨峰有 10 座。超尘拔俗的世界最高峰珠穆朗玛峰(8848 米)，即位于喜马拉雅山中段。喜马拉雅山脉是中国，也是世界上最高最大的山脉。

喜马拉雅山脉不但以高惊服人寰，它还是世界上最年轻的山脉。山脉的所在地区曾是一片汪洋大海。大约 3000 万年以前，地球发生了一次距今最近的剧烈的造山运动，著名的喜马拉雅山于此拔地而起，逐渐成为地球上的最高点。

从大海里涌出来

我国的昆仑山、欧洲的阿尔卑斯山、俄罗斯的高加索山、美洲的落基山脉和安第斯山脉等，都是从古老的大海里涌现出来的。假如我们走进上面说的这些山区，仔细观察一下那悬崖峭壁，就会发现它们那些各种各样、千奇百怪的岩层，常常一层一层地倾斜着或水平地排列着。同时，从山上的石头里还可以找到许多古代海洋生物(腕足类、三叶虫、海藻、螺、鱼)的化石。由此可见，这些山脉原来是从海洋中升起来的。

地球的地壳从其形成以来，常常发生变动，原先的岛屿和陆地可能变成海洋，原来的海洋可能变成陆地、岛屿和山脉。例如，英国东面的北海，就是近代地质时期才形成的。欧洲的阿尔卑斯山脉向东直到亚洲的喜马拉雅山脉，就是在最近几千万年中由海底升起来的。因为地质学家们曾在喜马拉雅山上发现有3000多万年以前的海洋生物化石。

喜马拉雅山是从大海里升起来的，现在，这座山脉仍在继续上升，200多万年期间，年轻的喜马拉雅山脉上升了大约3000米。

山岳冰川

在山地地区，流动于山谷之中的冰川，称为山岳冰川。我国西部及欧洲阿尔卑斯山区的现代冰川，即属于这一类型。山岳冰川运动速度较快，因此其侵蚀作用也最强烈。按规模大小和所在的部位又可分为冰斗冰川、悬冰川、山谷冰川。冰斗冰川分布在雪线附近的冰斗中，是一种体形较小的冰川，没有明显的积聚区和消融区的界线；悬冰川是在雪量较少的高山地区，由冰斗冰川或凹陷山坡上形成的冰川，向下移动至陡壁时向下坠流，吊悬在山坡上而形成的；山谷冰川是在山体高大、降雪量丰富的情况下形成的一种规模较大的、循谷地流动的冰川，有明显的积聚区与消融区，上游积聚区占有广大的围谷，下游消融区为冰川舌。由一条冰川构成的为单式山谷冰川，由好几条冰川结合在一起的称复式山谷冰川。珠穆朗玛峰的北坡有一个巨大的冰川群，最大的三条冰川是中绒布冰川、西绒布冰川和东绒布冰川，还有30 多条中小型的支冰川，形成一个树枝状的复式冰川。

在我国西部，西起帕米尔高原，东到四川西部的贡嘎山，北从阿尔泰山，南达云南的玉龙雪山，纵横约 500 万平方千米范围内，覆盖着无数条冰川，构成一个无比独特和广阔的冰雪世界。

山麓和大陆冰川

在高纬度和高山地区气候寒冷，普遍存在积雪和冰冻现象。这些积雪经过积压和重新结晶变成疏松的粒雪，再由粒雪变成冰川冰。冰川冰有一定的可塑性，在压力和重力作用的影响下，沿着地面以塑性流动和块状滑动的方式前进，成为冰川。按其形成区的特点和形态可分为山岳冰川、山麓冰川和大陆冰川等类型。

山麓冰川是在高纬度山区，由冰量补给充裕的较大的山谷冰川流至山麓地带扩展而形成的。这种冰川类型在气候转冷时可转化为大陆冰川，气候变暖时可退缩为山谷冰川。

在气候寒冷、有一定降雪量的两极或高纬度地区，地面常年积雪使高低起伏的地表被冰川所覆盖，形成自边缘向中心降起的盾形冰盖，称为大陆冰川。大陆冰川的面积和厚度都很大，如格陵兰岛的冰盖占全岛总面积的90%，平均厚度约1500米，中心最厚达1860米。大陆冰川的中心是积聚区，边缘是消融区，水流的运动不受下伏地形约束而从中心向四周进行。在冰盖上常有石山突出冰面上，在海岸一带往往伸出巨大的冰舌，断裂后形成漂浮的冰山。大陆冰川在世界上所占面积很少，其中以南极的大陆冰川为最大，整个南极洲1400万平方千米面积上几乎全部为冰川覆盖。

冰川是固体水库

由于冰川是具有可塑性的固体物质，并且夹带着大量的石块、泥沙，因此，具有强大的侵蚀、搬运和堆积能力，能够形成一系列特殊的地貌形态。如由侵蚀作用形成的冰斗、角峰、冰川谷、羊背石等；由堆积作用形成的终碛垄、鼓丘等；冰水堆积地貌有冰水阶地、蛇丘等。现代地球上的冰川覆盖面积约1500万平方千米，占陆地总面积的10%，其中绝大部分分布在两极地区，仅有极少部分分布在中低纬度的高山地区。全部大陆冰体的总量是2800万～3500万立方千米。如果这些冰全部融化，那么全世界海面将会升高65米。根据近年来调查资料和文献资料，我国现代冰川和永久积雪区的面积为4.4万平方千米，折算成储水量为2.3万亿立方米。我国现代冰川和永久积雪区主要分布于西北、西南高山地区，因此掌握冰川活动规律，充分开发利用冰川资源，对于西北干旱地区大规模改造沙漠，发展工农业生产，具有重大的意义。冰川随气候的冷暖变化而消长。冰川破坏岩石和搬运物质的能力极大，在其进退的过程中形成“U”形谷、悬谷、冰碛垄等特殊地貌。在一年之中，冰川也是变化的。暖季来临，冰川消融，成为河流的水源。在干旱区内冰川是人民生活和国家建设的生命线。它是高山“固体水库”，也是宝贵的淡水资源。

冰川活动的影响

冰川也叫冰河，这是因为冰块在强大压力的缓慢作用下，能够变得具有可塑性，可以流动，所以称为冰川。当然，这种流动是很慢的，最快速度一昼夜不过前进 10～40 米，在喜马拉雅山中有些冰川一年只能流动 700～1300 米。

冰川的活动不仅影响着气候，也改造着地形。由于冰川活动具有一定的固体性质，所以它不像流水仅仅冲刷着地壳而是刨刮着地壳，造成又宽又深底部平坦的山谷。在冰层的压力下，地壳的某些部分也能发生褶皱，有的地方隆起，有的地方下陷；而在冰层融化以后，它所挟带的沙石便会堆积下来，增加了地面的凹凸不平。这些坑洼是蓄水的好地方，冰层消融后变成的水，正好灌注其中成为湖泊。芬兰是世界上湖泊最多的国家，就是冰川从前在这里活动的结果。我国西藏北部也有许多冰川作用造成的湖。

由于地壳运动形成了高山，这就使高山有积贮冰雪的可能，而且影响地球上气温降低，据估计，如果把全世界的山夷平，地球上的气温将升高 0.7℃，而地球两极位置的变化，更常被认为是许多今天很温暖的地区有过冰川活动的原因之一。

世界屋脊

青藏高原面积为 240 多万平方千米，平均海拔 4500 米以上，是世界上最高的高原，有“世界屋脊”之称，它由一系列山系，高原面和高原盆地组成。青藏高原是高山的“大本营”，巨山队队成行，素有“山原”之称。在“山原”上，从北到南的东西向山脉有：阿尔金山—祁连山、昆仑山—巴颜喀拉山、喀拉昆仑山—唐古拉山、冈底斯山—念青唐古拉山。另外，还有南部边界上的喜马拉雅山。它们像一列列“集合者”，横列在大高原的“广场”，队列壮观整齐，个个气势轩昂。此外，在以上“集合者”的东南侧，还有六排南北向“入席者”，称“横断山脉”，它们同是大高原的“正式代表”。这些“集合者”之中，尤以喜马拉雅山脉最高。喜马拉雅山脉平均海拔在 6000 米以上，被称为“世界屋脊”。闻名天下的喜马拉雅山脉主峰——珠穆朗玛峰，海拔 8848.13 米，为“世界屋脊之巅”。各高山终年积雪，冰川分布很广。冰雪融水是河、湖的重要水源。亚洲的许多江河，都以“世界屋脊”为源。向东流的有长江、黄河；向南流的有澜沧江、怒江、雅鲁藏布江；向西流的有印度河上源等。青藏高原的湖泊很多，大小有 1500 多个。这些湖泊水源，许多也都是由冰雪融水供给的。

最年轻的高原

青藏高原不但是“世界屋脊”，而且是世界上最年轻的高原。在2000多万年以前，这里原是一片汪洋大海。后来才逐渐隆起成为陆地，但地势不高，近几百万年间才大幅度地隆起成为世界屋脊。对于青藏高原的隆起的成因，有各种理论和见解。当前板块学说最为人们所重视。

板块学说认为，地球的岩石圈（或外壳）是由七大板块构成的：太平洋板块、亚欧板块、印度洋板块、非洲板块、美洲板块和南极洲板块、纳兹卡板块。由于海底扩张和洋壳的不断生长和消亡，这些板块处于不停地相对运动之中，它们可以分裂，也可以拼合；可以相互滑过，也可以相互碰撞。而青藏高原的隆起就是由于印度洋板块和亚欧板块碰撞的结果。印度洋板块以每年6厘米的速度不断向北移动，致使青藏地壳受挤隆起。现在的青藏高原，只是近几百万年才形成的。这一年岁同世界其他高原相比，在“老大哥”面前还只是个“小弟弟”。随着印度洋板块碰撞作用(俯冲抬升)的继续进行，青藏高原今后将更加雄伟壮丽。

动植物在高原

中国东部的泰山高度是海拔 1532 米，长白山顶峰海拔也不过 2744 米。可是，在祖国的西藏高原却有许多海拔 5000 米以上的高峰。这里气候是寒冷干燥的。据不完全的气象记录：年平均温度低于 0℃。阴历 7 月下旬，在卡惹拉山还会遇到风雪。由于高原空气稀薄，游尘极少，因此日光辐射强烈，虽然气温很低，但在白天阳光直射之处温度增加很快，最高能达到 40℃，而晚上又迅速散热降到 -10℃。在寒冷气候条件下，海拔 5500～5800 米的雪线以上永恒地覆盖着皑皑冰雪，在冰川作用下，这里到处是形状像簸箕的冰斗、棱角尖锐的角峰、“U”形谷、冰川湖、冰水阶地和许多冰碛物。在地面 1～2 米以下，也有一个永远不化的冰土层——永久冻土层。

海拔 5000 米以上自然条件是严酷的。但这里仍有生命在顽强活动着。当然，在这里生活的动植物都具有极强的耐寒性和对高原的适应性。如：动物有很厚的皮毛可以御寒；有强健的内脏系统，可以呼吸高原稀薄的空气；有锐敏的蹄趾和灵活的舌头，便于高山攀缘和采食。植物也有极强的耐寒性，在 1℃时便开始萌发，在 5℃至 6℃时便进入生长旺季。

耐高寒的动植物

在辽阔的藏北高原和藏南喜马拉雅山地海拔 5000 米左右的地方，人们常看到西藏野驴和岩羊。岩羊可攀至海拔 5800 米的高度。高原兔更多，在唐古拉山附近经常有高原兔跑到公路边竖起耳朵看人，只是当听到汽车喇叭声时就惊跑了。鸟类的活动范围更大，可飞到海拔 5000 米以上的至少有 20 多种。赤麻鸭体大肉美，可以饲养；雪鸡在海拔 5600 米的雪线附近较多。黄嘴山鸦曾随珠穆朗玛峰登山队到达海拔 7070 米的营地，据登山队员观察，在海拔 8300 米的山口还有岩鸽、秃鹫飞跃或盘旋！在海拔 5000 米左右的高原湖泊中，还盛产一种奇鳞亚科的鱼类——裸鲤。

海拔 5000 米以上植物有 20～30 种，在海拔 5500 米以上的岩石裂缝里，生活着苔藓类植物，在冰水中还有藻类植物生活着。有一种小型龙胆，在珠穆朗玛峰地区一直分布到海拔 5800 米的高度。

海拔 5000 米以上的高山寒漠和高山草甸地区经济活动正日趋频繁，改变着原有的自然面貌。但实行合理放牧以后，这里成了重要的夏季牧场，而把较低平的河谷地区牧场留作冬春季放牧使用。

黄土高原的形成

九曲黄河东起太行山，西到日月山，南达秦岭，北抵长城，包括青、陕、甘、宁、晋 5 个省区的 220 多个县市、54 万平方千米的土地。黄河以它的乳汁滋润着两岸的农田，同时也无情地冲刷着这一片原野。这里冈峦起伏，沟壑纵横，川原山色，层层密洞，都以“黄”为基调，这就是闻名中外的黄土高原。

黄土，在世界各洲都有。要说哪里最广、最厚，还得数中国黄土高原。论广度为世界鳌头。黄土高原的黄土厚度也很可观。除个别岩石像“海岛”一样出露于“黄土海”外，整个黄土层一马相连。土层大部分为 100～200 米厚，为世界之冠。

那么，高原上厚厚的黄土是怎样来的呢？科学家认为，黄土的老家不在黄土高原，而是在北部和西部的甘肃、宁夏和蒙古高原以至中亚等广大干旱沙漠地区。这里黄沙遍布，每逢西北风盛行季节，巨风骤起，飞沙走石，黄尘蔽日。大的卵石，风力搬运不动，留在原地成为“戈壁”；较细的沙粒落在附近，成为沙漠；细小的粉沙、黏土弥漫于广大黄河中游地区，南遇秦岭山脉屏障便停积下来，经过几十万年的累积和局部地区的流水再搬运与再堆积，形成了浩瀚的黄土高原。

中华民族的摇篮

大自然像一个巨匠，筑起了如此一座宏伟的高原。而流水的外力作用又年复一年地把一个平缓的高原切割成台、塬、梁、峁、川、坪、盆等各种地形兼有的“破碎高原”。

高原从东南向西北地域变化明显。在地形上是从平川到塬地、丘陵和半荒漠、荒漠地区的过渡。土壤的演变是从垆土到黄垆土、黑垆土、黑麻土、栗垆土和棕钙土，最后到流动沙丘。年降水量从800～900毫米到500～400毫米再到300～200毫米；年平均气温的变化是14℃～12℃到10℃～8℃。同这些自然要素变化相适应的农业地带变化是从东南部的农业区到农牧交错区，最后到西北半荒漠和荒漠区。

黄土高原是黄河泥沙的主要来源。黄河90%的泥沙由黄土高原供应。黄河的泥沙70%过去沉积于华北平原。华北地壳原为一大坳陷，华北平原的形成，黄土高原立了大功。黄土高原上深厚疏松的黄土容易耕耘，土壤有机质丰富，自然肥力较高；又有黄河干、支流灌溉之利；黄土土壁直立不坠，容易挖洞做穴。这些条件，对于生产工具简陋的古代人类来说，真是得天独厚。中华民族的祖先，早在这里定居，创造了光辉灿烂的东方文明，因此，黄土高原也和黄河一样被誉为“中华民族的摇篮”。

世界最低的盆地

吐鲁番盆地位于新疆腹心地区。由乌鲁木齐向东南行110多千米，就渐渐进入盆地了。新疆吐鲁番盆地，是我国五大盆地之一。这儿地势低洼，气候奇热，是个火洲盆地。它的北面，是高过云际的博格多山(主峰5445米)；南侧，是觉罗塔格山。盆地东西长245千米，南北宽75千米，面积达50 140平方千米。盆地北高南低，南部有4050平方千米的低地都在海平面以下，艾比湖湖面在海平面以下155米，是我国大陆的最低点。从地形看，吐鲁番盆地，是世界上最低的盆地。西亚的死海，是世界大陆的低极，但它不是盆地，就地形单元看，死海为一大裂谷，与吐鲁番比，后者才是真正的盆地。

说它是火洲盆地，不仅指火焰山炎热，整个吐鲁番都是个“火洲”，是我国最热的地方。强烈的高温加重了干旱的程度，极端的干旱加剧了高温的威力，干旱和酷热构成了吐鲁番盆地气候最显著的特点。吐鲁番市历年6～8月3个月的平均最高气温都在38℃以上。夏天午后，日最高气温曾达到49.6℃，为全国之冠。地表沙面的温度常达70℃以上，最高纪录曾达82.3℃。可见，当地群众所谓沙窝里煮鸡蛋和石头上烙饼之说，并非虚构和夸张。

死亡之海的含义

塔克拉玛干的四周，群山环抱。从高山上淌下来的雪水，汇聚成大河，把沙漠边沿灌溉成生机勃勃的绿洲。森林、城市、公路、河川，将塔克拉玛干层层环绕。谁也不敢闯进这片广漠无垠的流沙禁区。

进入20世纪80年代，用高科技武装起来的考察队，开进了这片死亡之海的腹地。他们拥有先进的无线电通讯设备、卫星定位系统、红外线测距仪，不怕迷失方向；天上有直升机，地上有巨型沙漠车，不怕挨饥受渴。他们进得去也出得来，死亡之海失去了本来的含义。

通过广泛深入的地质调查，地质学家终于搞清了：距今5亿年前，这儿曾是一片汪洋。2亿多年前，由于受到南方印度板块的推挤，它才懒懒地从洋底升起来，成为一个群山环抱的大盆地。1亿年前，盆地里气候温暖、湿润，满布河流湖泊。大约5000万年前，西藏高原、昆仑山、天山剧烈上升，盆地进一步封闭。这样一来，海风吹不进，来自亚洲大陆内部的干风，把盆地中心破坏，形成了现在这个样子。

地质学家认定，具有5.5亿年海洋沉积，2.5亿年陆地沉积的死亡之海地下，是埋藏石油、天然气的好地方。果然，1989年，我国的石油勘探队，在它的中心找到了4个大油田，探明储量几亿吨。

最大的内陆盆地

早穿皮袄午穿纱,围着火炉吃西瓜。这是人们形容昼夜温差悬殊的大陆性气候的生动诗句,要是你有机会来到塔里木盆地深处,这是真实的写照。

塔里木盆地是我国最大的内陆盆地，也是世界最大的内陆盆地。它东西长约 1500 千米，南北最宽处约 600 千米。盆地底部海拔 1000 米左右,面积 53 万平方千米。塔里木盆地四周为天山、昆仑山、阿尔金山，盆地中部是面积达 33.4 万平方千米的我国最大的沙漠塔克拉玛干大沙漠,它也是世界著名的大沙漠。

然而,在 5 亿年以前的下古生代,新疆只有塔里木和准噶尔两大片陆地,其他地区是一片汪洋。到了距今约 2 亿年至 3 亿年的上古生代,才形成了群山环抱的盆地。

盆地群山环抱,深处内陆,气候干燥,雨量稀少,气温昼夜变化和季节变化都很大。发源于四周高山的河流,呈向心状汇入盆地,小一点的河流在流经砾石带时渗入地下,成为潜流。大的河流有塔里木河、叶尔羌河、阿克苏河、田河等。塔里木河不仅是我国最长的内流河。塔里木河两岸茂密的胡杨林，宛如绿色的走廊,与其南部的沙漠地区相比，景色截然不同。

世界上最大的海

中国最大的边缘海为南海。南海北以广东南澳岛经澎湖列岛至台湾东石港一线分界，东南至菲律宾，南至加里曼丹岛，西南至越南和马来半岛等地。面积 360 万平方千米，平均水深 1212 米，最深的地方达 5567 米。地球上主要的海(包括湾)有 59 个，但面积超过 100 万平方千米的大海只有 15 个。

在辽阔深邃的南海海面上，散布着一簇簇珊瑚礁、浅滩和暗沙，蔚蓝的海水，衬托着洁白的珊瑚礁盆，恰似一串串晶莹透亮的珍珠，散落在这巨大的翡翠玉盘上。这些祖国的海上明珠就是南海诸岛：东沙群岛、西沙群岛、中沙群岛和南沙群岛。南海诸岛的地理位置十分重要，它正位于太平洋与印度洋交通的咽喉；是亚洲通往大洋洲的中继站；是亚洲与东南亚诸国、非洲、欧洲等来往海上交通的必经之路。

南海海区的地貌是极其复杂的，从大陆架到深海平原和海底高原；从珊瑚礁到火山喷发形成的地貌，从露出海面的岛屿到低于海面数千米的水下峡谷等，应有尽有。海底矿产资源非常丰富，如钨、锡、铅、金、锆石、独居石、钛铁矿以及海泥中所含的铌、钽、钍等稀有元素，为海底开采提供了深厚的条件。

通航最长的河流

长江不仅是我国最长的河流。它像一条银色的巨龙，横卧在我国的中部，从青海省西南部唐古拉山主峰各拉丹冬雪山发源，越过草原肥美、矿藏丰富的青藏高原，横贯天府之国的四川盆地，摆荡于“湖广熟，天下足”的两湖之间，滋润着“江淮稻粱肥”的苏皖平原，穿过美丽富饶的鱼米之乡的长江三角洲，沿途汇集了700多条大小河川，浩浩荡荡，一泻千里，在上海注入东海，全长6300千米。万里长江，横卧祖国中部，好像一条粗大的动脉，激流滚滚，给祖国大地带来了生气和活力，给人民带来了巨大的经济效益，因此亘古以来就享有黄金水道的美誉。

长江干流源远流长，支流盘根错节，编织成了无比庞大的内河运输网，是我国东西航运极为重要的渠道。干支流通航里程达7万千米，约有3万千米航道可以通行机动船，宜昌以下3000千米的干流可通行轮船，万吨海轮可直达南京。长江航道水量充沛，终年不冻，四季通航，水运量约占全国内河水运总量的80%左右。长江干流与海洋相通，江海联运，不仅便利了长江流域与我国沿海各地的交往，而且密切了与五大洲、四大洋的联系。

长江支流的特点

长江水系好像一棵枝叶繁茂的参天大树，干支交错，枝枝相连，布满整个流域。据统计，长江干流拥有700多条一级支流，其中流域面积1万平方千米以上的有40多条，5万平方千米以上的有9条，10万平方千米以上的有4条。

长江支流有两大特点，第一个特点是水量大。雅砻江、岷江、嘉陵江、乌江、沅江、湘江、汉江和赣江等8条支流的多年平均流量都在每秒1000立方米以上，超过了黄河水量；第二个特点是支流集中。较大的支流几乎全部集中在长江干流中段的“一盆二湖”(四川盆地和洞庭湖、鄱阳湖)地区。在四川盆地，从左岸汇入长江的有雅砻江(长1500千米)、岷江(长735千米)、沱江(长623千米)、嘉陵江(长1119千米)；右岸有乌江(长1018千米)。洞庭湖一带的支流有清江(长408千米)、澧水(长372千米)、沅江(长1060千米)、资水(长590千米)和湘江(长817千米)从右岸人长江，而长江最大的支流汉江(长1532千米)，则从左岸汇人。鄱阳湖水系包括修水(长354千米)、赣江(长744千米)、抚河(长335千米)、信江(长312千米)和饶河(长250千米)，集中在长江右岸。长江干流从雅砻江河口至鄱阳湖口，流程仅1761千米，占全江的28%，而得到的水量补给近8000亿立方米，占人海水量的80%。

黄河输沙量最大

黄河全长 5464 千米，流域面积有 75.24 万平方千米，为我国第二大河。上古时期，黄河流域被繁茂的森林植被所覆盖，黄土高原郁郁葱葱，天上水、地表水、地下水进行着正常的循环，气候湿润。那时的黄河也不是现在的河道，而是一条比现在更为曲曲折折的河流，流着碧绿而清澈的水。

自唐朝以后，西北一带人口膨胀，燃料、木料用量剧增。更严重的是统治阶级大兴土木，建造豪华的宫殿，楼台亭阁，大举毁林开荒，森林的负担日渐加重，加上不断发生的人为和天然的火灾，又烧毁了大面积的森林。由于种种原因，黄河流域的森林植被不断遭受破坏，长期形成的自然生态平衡被破坏了。原来物华林茂的青山绿野变成了荒山秃岭和裸土赤地。巨大的森林水库消失了，大雨成灾，无雨则旱，土地失去了抵御冲刷的能力，到处黄土濯濯，千沟万壑，大量泥土涌进了黄河，淤塞了河道，最终使黄河变成了一条桀骜不驯的、高出平地七八米，甚至十来米的“地上河”，人们也称它“悬河”。历代黄河经常泛滥。3000 多年中，泛滥、决口就有 1500 多次，重要改道达 26 次，大改道有 9 次。因此，黄河又多了“害河”、“祸河”、“孽河”等绰号。

1949 年以后，党中央决心“要把黄河的事情办好”。通过对黄河流域的全面规划及一系列的改造措施，已见成效。

世界最高的大河

驰名中外的雅鲁藏布江，平均海拔 3000 米以上。是世界上最高的河流。“雅鲁藏布江”在藏族同胞心目中，就是“天河”的意思。

雅鲁藏布江像一条银白的巨龙，从海拔 5300 米以上的喜马拉雅山中段北坡冰雪山岭发源，自西向东奔流于号称“世界屋脊”的青藏高原南部。最后于巴昔卡附近流出国境，改称布拉马普得拉河，经印度、孟加拉国注入印度洋的孟加拉湾。它从源头至我国国境，全长 2057 千米，流域面积 24 万平方千米。流域内的人口和耕地均占西藏自治区的一半。流域内矿产资源很多，现已查明的有铬铁、铁、铜、煤、铅、锌、钼等。

雅鲁藏布江水利、水能资源丰富。通过考察计算，它的多年平均流量为每秒 4425 立方米，它的年径流量约 1395 亿立方米，仅次于长江、珠江，居我国第三位。受高原隆升的影响，雅鲁藏布江流域坡大流急，蕴藏着巨大的水能资源。据初步考察，仅干流的天然水能蕴藏量就有 8000 万千瓦。

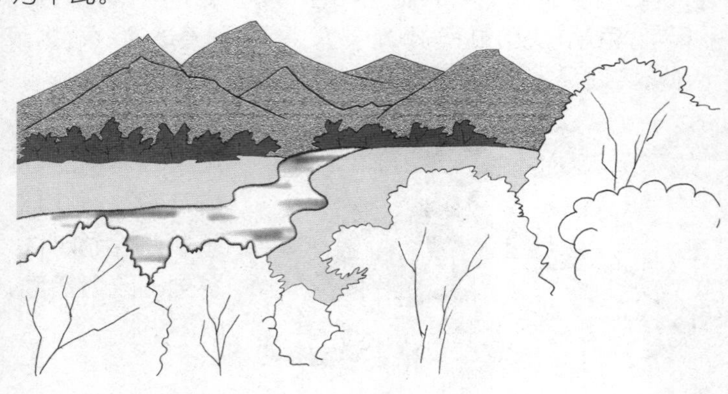

最高的大咸水湖

中国青藏高原上的湖群，是世界上最大的高原湖群。大小湖泊1000多个，平均海拔4000米以上。世界第一高湖——珠峰北坡长芝冰川附近的淡水小湖(海拔6166米)和世界最高的大咸水湖——纳木湖，均在这里分布。纳木湖，藏语为“纳木错”，蒙语则称之为腾格里海，都是“天湖”之意。

纳木湖湖面海拔4718米，湖面近似长方形，东西长70千米，南北宽30千米，面积1940平方千米。湖的南部为雄伟的念青唐古拉山脉，呈东北—西南走向，巍峨耸峙，层峦叠嶂。湖的北侧和西北侧为起伏和缓的低山残丘。湖中有石质岩岛3个，岸壁陡峭，石骨峥嵘。东南部有半岛伸入湖中。

纳木湖系内陆咸水湖，湖水的矿化度为每升1.7克。湖的水量以冰雪融水和降水为其补给的念青唐古拉山。每年冬季湖内结冰，至翌年5月开始融化，冰期为半年左右。在封冻期间，人、畜皆可在近岸地带通行。

纳木湖属于断层凹陷湖，成湖于第三纪喜马拉雅运动时期，距今约200万年以前。从古湖堤岸线分布的高度可知，当时湖面开阔而水深。自进入第四纪后，随着整个西藏高原的不断隆升，且气候逐渐变干旱，湖面渐趋缩小。现在，在该湖的外围，保留有古湖堤岸三层，最高的一层高出现今湖面约80米。

倾斜着的地球仪

地球仪上那穿过地心的地轴为什么是倾斜安装的呢?

地球仪有两种功能：一是用来表示地面的地理状况；二是用来表示地球的运动特性。

地球的运动主要是指地球的自转和公转。如将地球绕太阳公转的轨道看作一个平面，那地球将是倾斜着身子绕太阳公转的。当地球自西向东绕太阳公转时，太阳光线是直射在赤道圈上，地球上有一半的地方受到太阳光的照射,另一半则是背光的。当地球绕太阳转过 90 度之后,光线将不再直射赤道,而是直射在北纬或南纬 23 度 26 分的纬线上,各纬线落在受光和背光部分的长短也发生变化。再转过 90 度时,太阳光线又将再次直射赤道,各纬线在受光、背光部分的长短又相等了。当地球又转过 90 度时,太阳光线将直射到南纬或北纬 23 度 26 分的纬线上，各纬线落在受光和背光部分的长短又再次不相等。因为地球如此运动,才产生了地球四季更替和昼夜长短变化等自然现象。

为了演示出地球在宇宙中运动的真实情况,地球仪上地轴的方向与底座平面也必须呈适当的倾斜角,约为 23.5 度,所以,地球仪的地轴就应倾斜安装。

太阳光的压力

太阳光照在我们身上也有压力。有人会说阳光照在身上只是暖洋洋的，哪里会有什么压力！其实，光确实有压力，物理学上称为光压，只不过由于自然界光源的光强有限，光压很微弱，加上我们身体的感觉器官的灵敏度又太低，感觉不出来罢了。早在1616年，德国天文学家开普勒就提出了光压的概念，1873年英国物理学家麦克斯韦又用电磁波的观点论证了光压的必然性，并且预言：光能对所照射的物体表面施加压力。直到1901年，俄国物理学家列别捷夫才第一次用实验的方法测量了光压。

不过光压小得实在太微不足道了：阳光照在地球表面，每平方米地面上所受的光压仅有0.48毫克。

尽管光压微乎其微，但其作用的积累效果却不可小瞧，在涉及一些天文学和其他现象时，它的影响是不可忽视的。人造卫星观测到，地球在背离太阳的一侧，拖着一条令人难以置信的“大尾巴”，这条长达10万千米由氧气和氮气组成的“大尾巴”，是由于地球周围大气层中气体分子受到太阳光压作用的结果。

宇宙天象的影响

地球和宇宙中许多天体有着千丝万缕的联系，因此我们不能忽视宇宙天象对地球的影响。地球追随太阳环绕银河系核心运动时，因所处的轨道位置不同，所受到的银河系引力场和星际介质环境的影响在不断变化。有人认为，地球上每隔2亿多年的一次大规模构造活动就与银河系的影响有关，因为太阳绕银河系一周也正好是2亿多年。还有人认为，地球上每隔2亿多年的一次大冰期也是受这种影响的结果。

超新星是恒星演化晚期发生爆炸并猛烈地抛射出大量物质的自然现象。那些距离我们很远的超新星爆发不会造成什么可察觉的影响，但若发生在我们附近，影响就会非常强烈。

当太阳上日珥或耀斑爆发，太阳黑子增减、太阳光度变化时，也必定引起地球上的气候变异，磁场扰动，甚至诱发地震等。人们还认为，地球绕日旋转的轨道参数的变化，也将影响地球接受太阳能量的多寡，从而导致大冰期中每隔10万年左右的冰期与间冰期的更替。

月球对地球的影响主要表现在引潮力的变化上，这不仅仅表现在海水的涨潮、落潮，而且还可以导致大气圈、岩石圈也发生潮汐起落，从而引起气候的变化、地震和火山活动。

漠河的白昼最长

黑龙江的漠河，位于北纬53度28分，是我国纬度最高的地方。夏至这天，凌晨1点，这里天已放亮，鸡鸣鸟啼，迎来了黎明。早上3点29分旭日露出地平线，很快地上升中空，到晚上8点34分才落下山。一天之内，人们和太阳见面的时间长达17小时。晚上10点，若在内地，早已是"月儿弯弯照九州"了，可是在漠河，火红的晚霞还飘浮在天际，直到夜间11点才渐渐隐去。

夏至这一天，漠河的白天这样长，是不是太阳在这里移动得特别慢呢？这当然是不可能的。因为，这里的太阳并不是正东出来正西落下，而是从东北方向出来，在天空中缓缓地绕行大半个圆周，然后落到西北方向，所以，白天就长了。在这里，清晨和傍晚，太阳光可以射进面向正北的窗口；在这里，没有阳光射不进的房间。那么，为什么会产生这种独特的现象呢？

我们知道，地球在自转时，是倾斜着身子的，地轴和公转轨道平面的交角均为66.5度，因此，每年从春分到秋分的半年中，太阳直射北半球，形成昼长夜短，而纬度越高的地方，白昼时间越长。漠河在我国纬度最高，所以夏至前后，漠河也就成为我国唯一接受阳光最多的地方。

磁偏角和磁倾角

哥伦布在 1492 年航海探险时发现了磁偏角；英国人诺曼在 1576 年发现了磁倾角。其实，我国早在公元 8 或 9 世纪就发现了磁偏角和磁倾角。由于地球两极与地磁两极不重合，地球子午线与地磁子午线之间所成的夹角，就叫磁偏角；地球表面任何一点的地磁场方向与水平面之间的夹角，就叫磁倾角。

晚唐时，在《管氏地理指蒙》这本书中，第一次明确地提到了磁偏角现象。最早用指针来准确、清晰地显示磁偏角的年代大约在公元 1030～1050 年，当时有位堪舆家写了这样一首诗："虚危之间针路明，南方张度上三乘，坎高正位人难识，差却毫厘断不灵。"堪舆学以堪舆罗盘为主要工具，盘面上通常标有两套不同的方位标度，体现了历史上的两个不同时期磁偏角的变化。这两套特殊标度习惯上与其他标度圈在一起，以同心圆的方式标在罗盘上。北宋初年，曾公亮在《武经总要》里说，在制造指南鱼的时候，做指南鱼的铁鱼尾巴正对着子位，略向下倾斜。这说明当时人们对磁偏角和磁倾角已经有了深刻的认识。

地球是个大“热库”

地球内部是一团温度高达数千度的炽热岩浆。当然，我们不可能把地球内部蕴藏的热能全部开发出来。但是，仅按10千米深度的范围计算，地球所储藏的热能就相当于全球煤炭储藏能量的几千倍。因此，把地球比做一个巨大的“热库”是毫不过分的。

我们把蕴藏在地球内部的热能叫做地热能。一般来说，地热能可以分成两种类型：以地下热水或蒸汽形式存在的水热型和以干热岩体形式存在的干热型。干热岩体热能是未来大规模发展地热发电的真正潜力，但是因为它的勘探和开发利用工艺都比较复杂，所以目前世界上现实利用的还是水热型地热资源。如果地热井孔喷出的是干饱和蒸汽或者过热蒸汽，那么只要把它直接充进汽轮机，就可以驱动发电机发电。

世界上大多数水热型热田都产出热水或汽与水的混合物（湿蒸汽）。利用这种流体的发电方式比较复杂，一般是在井口安装汽水分离器，使井孔流体在分离器中减压扩容并进行汽水分离。蒸汽通过汽轮机做功，热水废弃或者移作他用。如果一级扩容压力仍然很高，分离后的热水还可以进行二次扩容，产生的蒸汽充人一个低压汽轮机或者同一汽轮机的低压段做功。我国西藏羊八井地热电站采用的就是这种方式。

开发地下热能

我国地热资源十分丰富，已经发现的天然露头的温泉就有 2000 处以上，每处有若干温泉群和温泉点，温度大多数在 60℃以上，个别地方达 100℃～140℃。吉林省仅在长白瀑布以北 1000 平方米范围内，就有温泉几十处，一般水温在 40℃左右，最高水温可达 82℃。

我国还有地热湿蒸汽田。台湾地区北部火山地热田，钻探得到的地热蒸汽，最高达 293℃。在西藏羊八井盆地，发现了一个大地热田，向下钻到 30～40 米时，温度就高达 100℃以上的地热蒸汽冲天而起。

地热资源的开发和利用，将和人类发现使用煤炭和石油一样，成为人类史上开辟的又一项新能源。

现代工业可以利用地下热水提取钠、钾、锂、碘、溴、硫黄等化学元素；也可以提取重水、氢的同位素等原子能工业原料；还可以利用地下热水和地热蒸汽作为热源，用来处理皮革、洗染毛呢，调节空气温湿度。

现代农业利用地下热水进行灌溉、保温、育秧、养鱼、孵鸡雏和栽培热带作物等。

从发展来看，地热能主要应用于发电。20 世纪 70 年代以来，我国相继在广东、河北、湖南、福建、天津、西藏等地，建立了各种类型的地热电站。

开发冰山

我们生活的地球有 3/4 的表面积被蓝色的海水覆盖着，占了地球上总水量的 97%，淡水仅占 3%。即使这 3%的淡水，也不是人类都可直接饮用的。因为流动的淡水只占 1%，其余 2%却被镇锁在寒冷而寂寞的冰山之中。地球上的全部冰几乎都存在于南极洲，那里的冰层厚达 2000 米，其面积大于整个欧洲！若把南极所有的冰都化成水，将使全世界的海水上升 60 多米。

南极洲的冰尽管地处遥远，但那丰富的淡水资源对人类来说，并非可望而不可即。有时那里的冰往往会自动地向我们漂来。因为南极的冰山总是在不时地断裂，断裂下来的冰山漂浮于海洋上，形成奇特的“冰岛”，为时可达数年之久。这些冰“岛”因为没有“根”，因此可随风或随洋流而漂流。

拖运冰山，开发冰山资源并不是一个新问题。1900 年以前，就有人用帆船拖走了一些较小而低平的南极冰山，途经 4000 千米，运达秘鲁。每年从南极断裂入海的冰山约有 1 万座，其中每座冰山所含有的淡水量就可以装满 1000 艘油轮，即使这 1 万座南极冰山中的淡水有 90%损失掉，余下的 10%淡水也足够供 20 多亿人饮用一年。

拖运冰山

拖运冰山是一件很复杂的工作，先要依靠人造卫星将冰山的外形拍摄下来，通过无线电发送回地面，对不同冰山的大小形状和所在位置进行研究，选择其中比较理想的一座。然后派一批人到选定的冰山上去，在靠近前端的冰山顶部，装上 6 个大金属环，每个环套上安装一条结实的牵引索，用轮船牵引。开始时巨大的冰山移动速度极其缓慢，但一周后就能达到每小时 3 千米。

当冰山经过暖海时，要设法防止融化，为此必须将冰山底部和周围与温热的海水隔开来。一般的做法是用两艘船分别从冰山两侧拉着一张巨大的塑料布，自后朝前行进。随着两艘船的行进，塑料布逐渐铺开来，直到整座冰山底部都垫上塑料布为止。塑料布的四周通常还拴有绳子，绳头由小飞机传递到冰山顶上固定，这样冰山底部就被塑料布紧紧地包住了。如果用特制的塑料围裙包裹冰山的四周，那就更要容易得多。这样一来，冰山基本上就与海水隔开了。

至于冰山的顶部，最理想的办法是任其自然地融化成一个凹陷的水池。这样，照射到冰山顶部的阳光的大部分热量会消耗在这个水池的汽化上，从而使水池下的冰体受到保护。

地下油海

地下真的有海洋、江河或湖泊般的油田吗?没有。一般人们所说的油海、油河和油湖,只不过是文学上的一种比喻罢了。石油和天然气(简称油气),绝大多数是躲藏在地下深处岩石中极为细小的孔隙和缝隙内,小得令人难以想象。人们往往把小比成针眼大、发丝细,但是,储藏油气的每个孔,每根缝,若能有针孔、发丝的1/10那么大,便足以使石油地质人员欢喜若狂了。

地下深处有无巨大的空间储集油气吗?油气藏就像胶卷一样,如有一点点保存不善就会“爆发”报废。所以,这些油气藏绝大多数都被岩层严严实实地覆盖在地下上千米,甚至更深的地方。如果地下有大规模的溶洞群,又注进了油气,那无疑是特大油气藏了。但是,溶洞看不见探不着,如何发现它们呢?最直接、简单适用的方法是靠钻井时的“放空”现象。当钻头钻凿坚硬的岩石时进度很慢,但如钻过溶洞时,就会一下钻进几米、几十米,就是抓获油气藏的前兆。胜利油田在孤北潜山带打出了4口日产超千吨的高产油井,其中一口井达3600多吨,经研究与地下溶洞有重大关系。因为钻井中遇到10余米的“放空”,俨然像个庞大的“地下油罐”。

利用重力探矿

仔细研究起来，地上各处重力的大小是不一样的。哪里的地下物质的密度大，哪里的重力也就大。许多金属矿的密度很大，而另外有的矿石如盐矿则密度较小，它们的分布就会影响重力的变化，只要我们能测出这些变化，就可以得到一种找寻矿藏的重要线索。人类对于同一物体在不同地点有不同重力的差别是感觉不到的。但是，科学家发现，骆驼对于重力不同的差别，却可以感觉得到。骆驼在“沙漠之海”中的航线——条条蜿蜒曲折的小道，数千年来被人们所忽视。殊不知，骆驼的航线竟是它为人们探寻矿藏的“提示”。

原来，一批地质学家在哈萨克斯坦进行地质勘测，当他们把测得的重力最小的地点连成线时，发现这些连线竟然与骆驼队在这地区所走的路线完全吻合。这是因为骆驼具有一种“特异功能”，它能感觉出不同地方存在着的极微小的重力差异。骆驼挑选重力最小的路线行走，实际上减轻了它背上所驮物品的负担。于是人们把骆驼的这种“特异功能”应用于探矿。据试验，它对寻找地下蕴藏的重金属颇有帮助。因为有丰富重金属矿藏的地区，由于地质构造不同，其重力要比一般地区大，先利用骆驼来初步选择出一些较有希望蕴藏有矿物的地区，然后再做重力测量探矿，这就使探测的速度既快，效率又高。

利用植物找矿

植物那庞大的根系就好像是一架自动取样机，日夜不停地从土壤中吸收含有各种矿物盐类的水。当水流经植物体时，某些矿物或无机盐就在植物的特殊部位沉积下来。例如，植物生长最旺盛的嫩芽就是矿物经常滞留的地方。有趣的是，某些植物专门收留某些特殊的矿物。人们把这类植物叫做“指示植物”。

当植物体内的矿物质积累到一定程度的时候，就会导致植物外观的显著变化。通常，矿物质对植物的生长是不利的，奇怪的是，如果土壤中有铀或钍存在，那么，有的植物就会长得特别高大。

美国科学家们在犹他州等地采集了 1.1 万多份植物样品，如野豌豆、松树、枞树等，它们都是铀矿的“指示植物”。美国科学家对这些植物样品进行分析，在犹他州和新墨西哥州先后发现了 9 个铀矿。

现在，各国科学家正将各种先进技术手段应用于植物探矿的工作。加拿大科学家发明了一种叫做“空中追寻”的勘探技术。他们用飞机收集植物上空的微粒，并用质谱仪分析其金属含量。这种方法所得的结果是与地面的“指示植物”相一致的。而且，地质植物学家们再也用不着长途跋涉，翻山越岭了。“空中追寻”技术在探察汞、铜、铅、锌、镍和银等矿藏方面已取得了许多成果。

怪湖

大自然以特有的鬼斧神工，造就了无数奇特的地形地貌。地球上各式各样的怪湖，就是它创造的奇迹。

上淡下咸的双层湖属怪湖的一种。但是，北冰洋西南部基里奇岛上的麦其里湖更为怪诞，它竟分为五层：最底层饱和着恶臭的有毒气体——硫化氢，里面除了适合在缺氧条件下生存的细菌之外，没有其他任何生物；第二层湖的水呈深红色，它的成因是底层的硫化氢浮升，被一种细菌所吞食，从而使湖水染上颜色；第三层与第二层泾渭分明，湖水清澈透明，生长着海葵、海藻、海星、海鲈鱼等生物；第四层湖水微咸，生长着海蜇和某些淡水鱼；表面一层则是淡水，居住着各种淡水生物。

地球上湖泊的形状，大多是不规则的。但是，非洲西部加纳境内一个直径 7 千米的波森维湖，竟像用圆规画出来的圆形，而且湖的中心处最深，周围匀称地呈地形缓缓上升到湖岸，从而构成标准的圆锥体。有些火山湖呈圆锥形，但人们查遍这片地区，无论过去和现在，都没有发现火山活动过的任何痕迹。于是，科学家们假设它是由于陨星坠落发生爆炸而形成的巨大陨石坑，并且推测这个陨星的直径不小于 3 千米，其坠落速度达每秒 20 千米以上。

七星岩洞的形成

有“桂林之山，杭州之水”的七星岩，是我国著名的风景游览区之一。它是由七座巍然耸立的石峰组成，罗列如北斗七星而得名。七星岩位于肇庆市北部，东距广州 104 千米。七星岩，无山不洞，无洞不奇，景象十分壮观。靠近水月宫的室岩碧霞洞，顶高 30 多米，洞顶有冰锥似的钟乳石，洞底长着石笋，有的形似金钟，有的形似宝塔，有的连成石柱，各种奇岩怪石，分别被冠以神女下凡、观音坐莲、罗汉伏虎、猛狮出洞等美名。洞里的阴河，可乘船直通岩底深处。那么，七星岩溶洞是怎样形成的呢？

早在两三亿年前的石灰纪时，肇庆地区还是一片汪洋大海。在海洋中含有钙质的物质成分由于沉积作用，而形成了石灰岩海底。石灰岩海底在地壳运动中上升，逐渐变成平地和山峰。石灰岩的主要成分是碳酸钙。当含有碳酸气的雨水从裂隙中渗人石灰岩时，就会溶解石灰岩，形成溶洞和奇岩怪石。石灰岩溶洞顶部下来的碳酸钙水，由于水分蒸发，饱和的碳酸钙就会干涸凝结，天长日久，洞顶就会形成乳状石，洞底就会形成石笋，而且石钟乳和石笋慢慢连接起来，变成石柱。而那六个清澈的大湖的前身是沥湖，沥湖是由石灰岩被溶去后形成的低田和野塘，当时还长满了菱、芡、莲。现在这些低田和野塘修建成了风光旖旎的湖星。

泉的色彩和气味

当天空降雨的时候，一部分水从地面流走了；一部分则渗入土壤和岩石的孔隙成为地下水。在含水层或含水通道被侵蚀，出露于地表的时候，地下水涌出地表，便形成了泉。

在山区，地层切割强烈，地下水的含水层在地表暴露，所以，山区泉水较为常见。平原地区因覆盖第四纪沉积物，地形切割微弱，构造变动少，不利于泉的出露，所以，坝区泉水较少。从理论上讲，纯水是无色、无味透明的。但在各地，常有一些具有不同色彩和气味的泉。这是因为地下水在循环流动中，混有各种矿物质的缘故。含硫化氢的泉，呈翠绿色，有铁腥味；含腐殖质的泉，呈暗灰色，有沼泽味；含氯化钠的泉，有咸味；含硫酸钠的泉有涩味；含硫酸镁的泉有苦味。有趣的是，泉内若含有较多的二氧化碳时，泉水就会有甜味；若溶有重碳酸钙(或镁)时，水更甜润、清凉。驰名世界的青岛崂山矿泉，就是因为含有丰富的重碳酸盐及其他微量元素。就是人们津津乐道的汽水，也是仿照矿泉水制作的。有些泉含有的矿物质，如用于酿酒，可使酒味甘洌醇芳；如用于沏茶，更可清心怡神。

间歇性喷泉

在我国西藏雅鲁藏布江中游有一条“煮鱼”的小河。河面偶尔会漂来许多熟鱼，热气腾腾，好像刚刚出锅。但这不是厨师的绝技，而是大自然的“手艺”。原来这里有许多间歇喷泉，每隔一段时间，就把沸水和喷气喷人河中。正在漫游觅食的鱼类被卷人沸水，就成为“活煮鲜鱼”了。

我国喜马拉雅地处热带西段，目前已发现三处间歇喷泉，其中最大最壮观的是昂仁县塔加各间歇喷泉。守候泉边，可隐隐听到地下隆隆作响，热水塘水位缓缓抬升。塘中泉口水柱忽起忽落，几经反复，突然一声巨响，蓝天之下，雪岭之间，腾起一个直径达 2 米的银白水柱，夹着蒸汽，呼啸着射向天空，高达 20 米左右。

此外，冰岛首都雷克雅未克东北约 80 千米的大间歇泉也很有名。间歇喷泉时喷时停，堪称泉中一秀。德国科学家本生考察了冰岛以后，对间歇喷泉成因做过精辟的解释。本生认为：间歇喷泉都有一条几乎垂直的管道通向深处。由于管道中水柱的压力，水柱底部的水达到过热才能汽化，将水柱猛烈推出，形成喷发。我国科学工作者在西藏考察和模拟实验的基础上，进一步提出：喷管下部要积累足够的能量，还必须有一个体积很大的“水室”，“水室”充水后温度逐渐升高，进而汽化，达到喷发。

热水井的热水

我国天津、北京等城市，都打出过热水井。从热水井里抽出来的水，一年四季都是热乎乎的。热水井的水为什么会是热的呢？原来地球内部就像一台大锅炉，越往地球深处，它的温度越高，所以数九寒天下矿井去采矿的人，下井以前往往把棉袄脱去，因为矿井里的温度，要比地面上高得多。根据测定，除了接近地面的一层——常温层，经常保持和当地年平均气温相近的温度以外，大约每深入地下 100 米，温度就要增加 3℃。比如，在某一地区，常温层的深度大约是 30 米，年平均气温是 13℃，因此按正常情况，一口深度 900 米的井，水温就将达到 40℃左右。要是井的深度再加大，水温也将继续升高。如井的深度达到 2000 米时，水温就有可能达到 70℃以上。有的“地温异常区”，每深入地下 100 米，温度增加超过 3℃，达到 4℃、5℃、6℃，甚至温度更高。因此，地温异常区，是打热水井最有利的地方。

热水井的用途很大。利用它的水，可以洗澡、取暖；在工业上，纺织、制药、化工、造纸、皮革等生产部门，都打热水井，引地下热水用于生产。据天津市的一个工厂报告，打了一口热水井后，一年就节省了相当于 5000 ~ 6000 吨石油的燃料。

世界四大“死亡谷”

俄罗斯堪察加半岛克罗诺基山区有一“死亡谷”，长约2000米，宽1～300米。那里地势凹凸不平，不少地方天然硫黄露出地面。熊、狼、獾等野兽的尸骨到处可见。据统计，这个“死亡谷”已吞噬过30条人命，“杀人祸首”是积聚在凹陷坑中的硫化氢和二氧化碳，也有人推断是热性毒剂——氢氰酸和其他的衍生物。

在美国加利福尼亚州与内华达州相连接的一带山中，也有一条特大的“死亡谷”。它长达250千米，宽6～26千米，峡谷两侧悬崖峭壁，十分险峻。据记载，1949年，美国一支寻金矿的勘探队，因迷失方向而涉足其间，几乎全军覆灭。但奇怪的是这个地狱般的“死亡谷”竟是飞禽走兽的极乐世界。据调查统计，这里有鸟类200多种，蛇类19种，还有1500多头野驴在那里生活得很自在。意大利的那不勒斯和瓦维尔诺湖附近，也有两处与俄、美两国相似的“死亡谷”。不同的是这些“死亡谷”危害飞禽走兽，对人却无威胁。意大利人把这些地方称为“动物的墓地”。印尼爪哇岛上有一个更为奇异的“死亡谷”。谷中有6个大山洞，每个洞对人和动物都有很大的威胁。每当人和动物从洞口经过就会被一种神奇的吸引力吸人洞内，逃脱不得，所以洞中几乎堆满了狮、虎、鹿等动物及人的尸骸。

地上水和地下水

地上水和地下水随时都在进行战争，战争的规模常常是极大的，它的胜负和人类的生活大有关系。比如北方有些地区，每到春天，庄稼地表面往往会冒出一层白色的盐霜。这就是战争的一种结果：地下水胜利了。于是潜藏在土地下面的一些盐分，随着地下水位上升或水分的蒸发，冒到地面上来了。尽管含盐过多的土壤里还有不少水分，但是庄稼却难以承受，生长会慢下来甚至会干枯死掉。

要想战胜上升的地下水，有时就需要占优势的地上水。河北、天津地区有一片盐碱地，庄稼产量极低。后来人们想出了一个办法：旱田改成了水田，利用优势的地上水压制地下水上升，土壤得到了改良，产量便大大增加。自然界的地上水也往往是这样帮助我们的：如果夏秋两季雨水较多，也会把地面上的盐分冲洗下去，但是开春以后，尤其是北方的一些平原地区，因为下雨少，天气干旱，水分蒸发比较多，盐分就通通留在土壤表面，发生返盐现象。所以，预防春天土壤返盐的根本问题，就是不让前一年被雨水冲洗下去的盐分，再回到地面上来。而在南方地区下雨比较多，地上水和地下水都比较丰富，跟水一起流到江湖海洋去的盐分比较多，所以，留在平地上的盐分就少了。

地下水的开采

地下水隐藏在地下，水质好，水温恒定，用途很广。在地面水很缺乏的地区，这种水便成了无价之宝。北京是以地下水为主要供水源的大城市，年开采量达 23 亿立方米。但由于人们对地下水的过量开采，于是，地下水开始用不同的方式进行报复。地下水位年年下降，这是地下水作出的第一个反应。因地下水位下降，北京城区及近郊区已形成了降落漏斗，其范围东越通州区，南近大兴黄村，西达西郊山前，北到顺义区后沙峪，面积达 1000 平方千米。北京西郊地区，地下水位已在 20 米以上，东直门一带已超过 30 米。地下水采取的第二个报复行动就是地面沉降。据观测，在北京东郊的大郊亭一带总沉降量为 559 毫米，酒仙桥地区也达 344 毫米。

地面水通过土壤表层，携带各种盐分渗入到地下水中，致使地下水的硬度增高，水质受污染。北京地下水硬度超标的范围在 200 平方千米以上，北京地下水中硝酸盐含量超标面积也达 200 平方千米。未经处理的工业废水在流经途中渗入地下，污染地下水。根据水文地质大队监测资料，在 401 眼监测井中，有 58 眼挥发酚超标。地下水一旦受了污染，很难治理。据估算，使污染的地下水恢复到本来面目，要几十年到几百年的时间。

地下水也会污染

随着环境污染的加剧，殃及了宝贵的地下水源。在工业区、城市附近及污水灌溉区，地下水的污染甚至到了非常严重的程度。1980 年，我国曾对 47 个城市的地下水进行调查，发现地下水受污染的城市竟占 91.4%，主要污染物为酚、氰、铬及硝酸盐等。

那么，为什么地下水也会遭到污染呢？造成地下水污染的原因是多方面的。我国的地下水污染主要是由于工业废水和城市污水不加处理，任意排放，使污染物迁移、渗漏到地下造成的。过去，人们对地下水运行规律缺乏认识，常采用渗坑、渗井这些方法处理污水，以为渗入地下就算完事大吉。其实，这只不过是将污染物排放由地表水转移到地下水，而且由于地下水是半封闭物质，对污染物的净化能力很低，因而上述方法反而将污物贮存了起来。地面堆放废渣和垃圾，也常造成地下水污染。如北京、西安这些历史古城，地下水中的硝酸盐就主要来源于生活垃圾和粪便。城镇居民每人每年的排泄物中含有机氮化物约 5 千克，这些物质经土壤微生物作用和消化细菌氧化，最终转化为硝酸盐，并随水下渗到地下水中。随着分析检测技术的提高与普及，必将对地下水污染物有更多更新的发现。

探测水下的土质

为了更好地研究水下地质情况，地质学家们需要一双“眼睛”。有一种能够“看”到水下的“眼睛”，叫“音响测探计”，它能测量出海洋中各地的深浅程度，详细地绘出海底地形图，而且还可以找寻到以前沉没的船只。

但是，拟定水力建筑的施工方案，必须进一步“看”到各层土质的情况。而想知道各层土壤的软硬程度，又必须知道每一层有多厚。这一点，“音响测探计”就无能为力了。

后来，科学家又制成了一架新的仪器。这种仪器不仅能断定出潮湿、松软土层的厚度，而且还可以得到有关岩石层的图形。它能帮助地质学家清清楚楚地了解整个河底的全部结构。这种特殊的仪器叫“超声河床曲线仪”，是地质学家的一双灵敏的“眼睛”。“超声河床曲线仪”放射的超声波能钻到土壤里，把各个不同密度的土质层厚度反映出来。它自动地记录水底地质断面情况，对建筑工程来说是必不可少的。这种曲线仪，能正确地判断出由淤泥、细沙、沙砾和小圆石构成的各类土质层厚度。“超声河床曲线仪”可以说是地质学家所需要的“眼睛”了。从此，人们可以不必用笨重的钻探机进行钻探，而不论在速度或质量方面，都有过之而无不及。

地球上的生物进化

产生生命的可能性在宇宙中是无限的。

美国科学家比林斯基认为，在宇宙无数的行星中，最早是在地球上出现了生命。如果，产生生物肌体的原始物质到处都是一样，并且，地球上和地球外的生物肌体有着类似的生物结构，那么，他们发展的道路应该是相同的。整个宇宙的生命进化也应该在平行的路线上。早在100多年前，查理·达尔文奠定了生物进化的基本规律：生命总是以低级向高级发展的，这个过程是在偶然突变和必须适应周围环境的相互作用下发生的。

地球上的生命是从单细胞向多细胞不断发展的，然后向鱼类、爬行类、鸟类、哺乳类等动物进化，最后进化为人类。这均在自然选择的基础上实现的。谁不能适应外界生存的条件，谁就断绝了发展的道路。比林斯基认为，按照这个原理，可以设想其他星球上的生物在一定程度上也应该与地球上的进化是相似的。例如，陆地上的动物如果没有脚，就有可能成为那些食肉性猛兽轻而易获的猎物；如果鱼没有鳍，就无法适应水中生活。就是说，进化中某些缺陷会使缺乏适应能力的种类招致绝迹，那么在其他星球上也应该是相同的。

包罗万象的世界

在地球上，无论是森林、草原、农田、江河湖海，还是高山峻岭，荒漠戈壁；无论是赤道还是两极；无论是天空还是地下，到处都有生物存在，只不过环境不同，生物的种类和数量有很大差异。整个地球上的生物形形色色、五花八门、千奇百怪，可以说地球就是一个包罗万象的大千世界。

世界上到底有多少种生物？已经鉴定了的生物有 100 万种以上，大约只占全部生物物种的 1/10。还有 9/10 的物种没有被鉴定。也就是说，实际上全世界可能有 800 万～1000 万种生物。地球上自有生命以来出现过的生物，估计有 10 亿种之多，现仍存在的生物只不过是其中的 1%，而 99%的物种都在生物演化过程中灭绝了。

远在人类出现以前，自然界发生的火山爆发、洪水泛滥、地壳隆起、冰期出现等巨大变化，都会造成一些物种的灭绝。曾经在地球上称霸一时的恐龙就是在距今 6500 万年前灭绝的，但灭绝的原因至今仍然是个谜。

动植物濒危形势

世界上现有两栖类动物 2800 种，爬行类 5700 多种，鱼类 2.5 万~3 万种，鸟类 9600 种，兽类 4000 余种，其中基本灭绝和将要灭绝的有：两栖类和爬行类 138 种；鱼类 193 种；鸟类大约有 3000 种的种群是稳定或还在增长的，但是 6600 种的种群在减少，在这 6600 种鸟类中，估计约有 1000 个鸟种的种群已减少到了濒临灭绝的地步；兽类 305 种。世界上高等植物物种总数约 25 万种，已灭绝或濒危的达 2.5 万种，已占 10%。也许看起来灭绝的比例并不算大，但这些濒危动植物恰恰是最珍贵、最有价值的，它们的灭绝将给人类的生存和发展带来巨大的影响。问题的严重性还在于，物种一旦灭绝就意味着永远消失。这种灭绝的速度越来越快，而且彼此影响。

我国物种非常丰富，有两栖类动物 196 种，爬行类 315 种，鱼类 2300 多种，鸟类 1183 种，兽类 414 种。我国有高等植物 3.2 万种，其中木本植物 7000 多种，有 300 多种是我国特有的珍稀植物，如银杉、水杉、银杏、珙桐、望天树、龙脑香、铁力木等，均受到灭绝的威胁。我国的一类保护动物中大熊猫、朱鹮、金丝猴等都是举世瞩目的濒危物种。

动物也得有个家

长臂猿是四大类人猿之一。我国海南岛在 20 世纪 50 年代初期，约有 2000 多只长臂猿。长臂猿臂比腿长，绝大部分时间都生活在树上，全靠两臂荡秋千跃行，若到了地面，就举着长长的上肢，像投降似的摇摇晃晃地走路。它的这种习性，决定了它必须生活在高大茂密的原始森林或几十年以上的次生林中，离开了森林则寸步难行。因此，森林就是它的家。然而，几十年来，由于大搞毁林开荒，海南岛的森林覆盖率由 20 世纪 50 年代初的 25.7%减少到 9.7%。天然林由 86 万公顷减少到 32 万公顷，使长臂猿的活动范围越来越小，甚至无家可归。再加上一些人的滥捕乱猎，现在全岛只剩下长臂猿八九群，总共才 30 只左右。

在我国内蒙古河套平原的东端，有一个面积约 0.6 万公顷的淡水湖泊——乌梁素海。这里蒲草丛生，碧水连天，鱼跃鸟飞，白帆点点，盛产鲤、鲫、草、鲢等鱼，也是天鹅、鸭、雁的栖息繁殖之地，素有“塞上明珠”之称。但是，由于大面积的围垦，水源被截断，湖水的矿化度越来越高，污染日益加重，致使湖面只剩下 0.2 万公顷，200 多种水鸟被迫迁飞，蒲苇成片枯萎，鱼类大量死亡，很难再也看到天鹅畅游水面的景象了。现在人们退田还湖，才恢复了往日的生机，重新展现出鸟飞鱼跃的新局面，因为动物又有了赖以生存的家。

奠定地质学基础

提到近代地质学，欧洲不少人就会想到被尊称为近代地质学之父的英国科学家赫顿(1726～1797)。1795年，赫顿发表了《地球的理论》这篇专著，揭示了生成于海洋底下的沉积岩在漫长岁月中上升、褶皱、断裂、被侵蚀切割成为山脉的地质现象，指明了火成岩是由地球深处的岩浆上升接近地表冷凝而形成的。然而，历史文献证明，早在赫顿的理论诞生640多年前，沈括的《梦溪笔谈》中就已作了系统的论述。沈括(1031～1095)，是我国北宋时期以博学著称的科学家，于1086年出版的《梦溪笔谈》这部书，是沈括一生从事科学研究的系统总结。《梦溪笔谈》中关于地质学方面的论述几乎包括了赫顿在《地球的理论》中所阐述的主要观点。例如，沈括详细地记载了他出使河北时，在太行山上看见海洋生物化石的情况。他沿着太行山向北走，看到山边的石壁里嵌着许多贝壳和鹅卵石，就像一条很长的带子。他想到了沧海变桑田，指出这在远古时代曾经是海滩，而太行山东面的华北大平原，就是河水夹带泥沙在海口沉积而成的。他还联想到陕北的黄土高原，被雨水冲刷以后，留下一个又一个的黄土包，而被冲到大海里的泥沙，日积月累，逐渐高出海面，便成了陆地。他的这些论断是比较科学的。

地 震

据科学家们用精确的仪器观察，地球上可以感觉到的地震，每年大约有10万～15万次。实际上不止这些次数，因为地球上2/3的土地是被海水覆盖着，人们在那里还没有安装上观察地震的仪器，所以海洋里微弱的地震我们还没有计算在内。

为什么会常常发生地震呢？原因很多。在地球上，有许多火山。每当火山爆发时，大量炽热的熔岩从地下喷出，可能引起地壳猛烈震动。有些地震，是由于褶皱或断裂运动造成的。有些岩石由于受到侵蚀和破坏，失去位置上的平衡，从而崩坍垮落下来，也可能引起地震。最近，人们还发现，月亮与太阳的引力也会导致地壳上层的移动，引起地震，甚至连特别强劲的风有时也可能引起地壳震动。

衡量地震的大小，是以地震发生时，发震源地(震源)所释放的能量多寡来衡量的。这种能量级别(震级)，可用地震仪测出。在没有地震仪的情况下，从地震现场的破坏程度(烈度)，也可以间接推算其大小。

主震、前震和余震

在大地震发生的前后，在同一地区常伴随着发生许多较小的，或者强度不相上下的地震，在时间上形成一个序列。在这期间，震中区附近的地震台网，每天可以记录微弱的振动几百次到上千次，其中人可感觉到的小地震就有几十次到上百次。如果在这一系列的地震中，有一次比较突出的大地震，则称为主震；在主震之前发生的，称为前震；在其后发生的，称为余震。通常，前震和余震的震级，明显地低于主震的震级。

当一次地震的整个过程还没有最后完结时，我们还不能指出哪个是主震，哪个是前震。因为很可能在认为是主震的地震发生以后几小时或几天以内，还会发生另一次更强烈的地震。从一次大地震发生的日期向前追溯，可以找到一次较小的有感地震。要判定小地震是否为大地震的前震，主要看它的震源与主震震源是否相重合或非常接近；其次，它与主震或成因上是否相关，也就是说，它们是否由同一地质构造运动所引起，是否属于同一断层或断裂体系等。前震、主震、余震的划分，是比较典型的情况。而实际的地震过程，常常是很复杂的。有时在同一地区，接连发生一长串大大小小的地震，但是没有一次比较突出的大地震可以认作主震。这种现象称为地震群。

每年测到的地震

地球上每年能测到500万次大小地震，其中约有5万次能被人能够感觉到，约1000次会造成破坏。根据1977年规定的新的震级计算，1960年5月22日，在智利莱布发生的一次地震，震级达到9.5级，这是世界上最大的一次地震。地震是从5月21日开始，一直持续到6月22日，先后地震达225次，是一次震级高、持续时间长、波及面广、破坏力大的超级型地震。最高的那次地震，发生在5月22日下午5时11分，震中在南纬39.5度、西经74.5度处，震级9.5级。这次地震持续的时间达3分钟，震中烈度为11度！这次大震，可以说是一次浩劫。影响范围之广，扩及南北700千米，死亡人数之多，达14万人。此外，还造成了200万人无家可归。随着地震的发生，震中区的海底上升3～4米；最大沉量有2米。掀起的海波平均有10米高，最高达25米。海浪袭击着海岸，使沿岸地区一切荡然无存。地震发生后产生的海啸向西推进，以平均每小时700千米的速度，又对太平洋进行横扫，在1.7万千米的行程中，使中途的夏威夷群岛的防波堤和沿岸建筑物大量被毁，大片土地被淹没。海啸波及到太平洋西的日本，依然继续肆虐，最大的海波高达8.1米，使日本沿岸又惨遭破坏。甚至将泊岸的渔轮推上陆地房脊，进深达40米！

用泥鳅预报地震

泥鳅在地震前在水中上下不停地蹿动。不过一定要注意，泥鳅的这种行为异常，地震前表现如此，在气象因素变化的时候也是这样，只有排除气象变化产生的干扰，才能提高预测准确性。

泥鳅对天气变化敏感，是由其特殊呼吸方式决定的。我们知道，鱼类用鳃呼吸，两栖类动物用肺呼吸。泥鳅既没有鳃，也没有肺，是用肠呼吸的。泥鳅吞入一口空气慢慢咽下肚，空气在肠内移动，肠黏膜中的微细血管吸收氧气，通过血液循环输送到全身。泥鳅本来喜欢呆在水底，但为了呼吸，它每隔一段时间非蹿上水面不可。泥鳅能在水底呆多久取决于两个因素：泥鳅体内新陈代谢的快慢和单位体积空气内含氧的多少。当夏天气温高(水温也高)时，体内新陈代谢快，耗氧量增加，在水底静止时间就短。冬天温度低，则反之。夏天气压低的时候，氧分压也就相对降低，相对于一定体积的空气中氧含量也相应减少。泥鳅的口腔大小是一定的，而体内耗氧量并未变化，那就得增加吞入空气的次数。于是，当夏天温度高、气压低的时候，或者是地震前气温和气压发生变化时，泥鳅就不停地在水中上蹿下跳。当发现泥鳅异常时，首先要了解一下天气有什么变化，特别是气压有无大的波动。只有这样，我们分析和判断的结论才有比较可靠的依据。

震前人有异常反应

地震为什么能引起人的异常呢？原因可能有：地震孕育过程中发射的低频电磁波和次声波；地震孕育引起地磁场快速变化；地震引起化学元素的迁移，一些对人体有害的气体向地表溢出，造成人的不适或中毒；地震孕育过程中发出的信息被人感受到，其中部分信息，现代科学仪器尚检测不出来，这些信息流的传播速度比物质流和能量流的迁移速度快，因此能较早地被人感受到。人又是怎样接受地震发出的信号呢？

人体和任何物体一样有其固有振动频率，当地震波的振动频率恰好和人体某部分固有频率相同时，就会引起该部分共振。例如人的心脏具有 4～6 赫的自振频率，而地震引起的地面运动频率在 2～10 赫时，振动加速度最大。此时地面运动和心脏容易共振，这可能是地震前后心脏病人难受和发作的重要原因之一。

人体磁场通常在 1～12 赫范围内，若地震产生的电磁振动频率恰好和人体通常频率一致时，就会引起共鸣，使人感到不适。例如，人脑电波频率在 8 赫左右，而地震前发射的电磁波也恰好在 1～10 赫频段内，因此地震电磁波和人脑电波可能共鸣，使人头痛、头晕，甚至引起脑血管病人的突然发作。人体对外界信息有生物放大作用，所以尽管作用于人体的地震信息很微弱，经过放大后仍能被人感受到。

震前的异常现象

从古至今，在日常生活中观察到地下水在地震前有许多惊人的异常现象。

井水上升、下降、冒泡、发浑。1976 年 7 月唐山 7.8 级地震前，山东八岔路乡有口深井，翻花冒泡像开锅一样，而天津东部辛庄有口民用井，在唐山震前 20 天，却突然发浑，有时呈泥汤状。

水温变化，变味冒气。1976 年 5 月云南龙陵 7.4 级地震前，龙陵县巴腊掌温泉平时水温为 81℃左右，自 4 月 18 日水温突然上升至 90℃，最高达 93℃；更奇怪的是 1974 年 12 月江苏溧阳 5.5 级地震前 1～2 天，有口井，水中带有一股草药味。

井水成分改变出现颜色。1970 年 1 月云南通海 7.7 级地震前一天，峨山街村有两口水井，在傍晚时，井水突然变成黄绿色，而峨山柏锦村一口饮用井水，却忽然变成黑色，通海城内一口井的水煮出来的饭变成红色。

为什么地下水震前会出现这些异常现象呢？主要是地震在孕育的过程中，由于地下岩层不断在强大的挤压力和高温的作用下，使地下水中气体组分和水化学组分及水动态等相应发生一系列的变化，从而造成了多种多样的异常现象。掌握了地下水和地震的知识，就可以利用地下水的灵敏反应，为人类预报地震服务。

震前出现地震云

1978年4月5日，我国驻日本大使、西安市市长和日本健田市长等人在日本三笠顶拍摄纪念照片时，天空出现了一条异常的条带状云彩，宛如一条乌黑的长蛇。当时，健田市长就预言：东京方向两天内会发生地震。果然，翌日拂晓东京地区发生了地震。

这种像长蛇一样奇异的云彩，就是被我国和日本地震学家命名的地震云。地震云与一般的云彩不同，除了条带状的，还有稻草绳状以及呈辐射状或肋骨状的，一般出现在凌晨和傍晚。

我国近年来发生的几次大地震，震前均出现了地震云。1976年唐山大地震前夕(7月27日18时20分)，在日本九州大隅和鹿儿岛的上空都出现3条带状地震云，28日凌晨便发生了唐山大地震。

地震云可能与活动断层有关，特别是与位于多震区的活动断裂有极为密切的关系。震前，由于地壳内部应力高度集中，产生剧烈的电磁波，断裂带同时喷射出一种地气般的物质，和空气中的水蒸气一道，通过某种凝结过程形成地震云。换句话说，空中的云彩如果出现了异常形态，说明地壳内部的电、磁、应力等都发生了明显的变化，这就是发生地震的预兆。

地光

地震发生之前，大地往往出现一种奇异的闪光。在地震学中，人们把这种异常的闪光称为地光。据地震学家观察，地光犹如闪电，具有红、黄、橙、蓝、白等颜色。地光闪现时，光的形态有的呈放射状；有的呈带状、火球状；有的像远方失火似的一片通红；有的像闪电似的几秒内一闪而过等。这些异乎寻常的光，都是许多大地震发生前的一种征兆。比如，1971年9月13日20点30分，苏联高加索的格罗兹尼亚地区，人们看到有几道闪电似的红光、白光不断地在天空中闪耀，第二天23点10分这里便发生了6.3级地震。

英美地震学家认为，地光是由于岩石断层中应力的大量积聚，致使在空中产生了一个电场而形成的。日本地震学家认为，地光是由于最低层大气的电离层变得非常大，从而在电位梯度最高的区域造成了发光现象。而苏联地震学家则认为，地光是由于地球大气层中的电荷重新分布造成的。

水库地震

美国七大民用工程之一的胡佛大坝建成以后，出人意料的是，它使地震学中增加了一个新的内容，叫做人工诱发地震，或简称水库地震。

胡佛大坝修建后形成米德水库。蓄水两年后，库区发生了近百次地震。在连续活动了两年之后，1939 年发生了最大的一次地震，震级达 5 级。库区的地震活动和湖水位的高低，有对应关系。湖水升高时，地震发生的次数和震级也相应增大；湖水降低时，地震也就相应减少。当 1936 年第一次感觉到地震时，湖水位正好处于当年最高峰值 100 米左右。发生 5 级最大地震时，湖水达到了 145 米，库容 350 亿吨。1941 年和 1942 年水位显著升高时，地震活动都相应有了明显的增强。另外一些较大的地震，一般也都发生在水位升高之后。这些现象使胡佛大坝成为水库蓄水而引起地震活动增加的典型例子。然而，是否也存在相反的例子呢？

就在胡佛坝水库的上方，曾经分别修建了两个水库，于 1962 年和 1963 年先后蓄满水。它们都使本地原有的地震活动水平降低了。而且由于它们控制了流入米德湖的水量，使胡佛库坝区的地震活动水平也降低了。这个现象提出了一个问题：是否可以通过人工修建水库或其他工程，来影响一个地区的地震活动呢？

震级和地震烈度

震级是衡量地震大小的级别。由仪器纪录可推算震源释放出的地震波能量大小。一般把小于 2.5 级的地震称微震，人感觉不到。2.5~5 级的地震，人有不同程度的感觉，称有感地震。5 级以上会造成破坏的地震，称破坏性地震。

地震烈度是指某地区受到地震影响的强弱或破坏程度。它与地震震级大小有关，与离震中的距离、震源的深浅、当地的地质、岩石、土壤、地下水及建筑物本身的结构等条件有关。我国和世界上大多数国家都把地震烈度分为 12 度。我国科学工作者根据我国的地震资料和城镇最常见的特点，制订了符合我国情况的地震烈度表。1~2 度：人们一般没有感觉，只有地震仪才能记录到；3 度：室内少数人能感到轻微的震动；4~5 度：人有不同程度的感觉，室内物件有些摆动和有尘土掉落现象；6 度：人行走不稳，器皿倾斜；房屋可以出现裂缝，少数受到破坏；7~8 度：人站立不住，大部分房屋遭到破坏，高大的烟囱可能断裂；有时还有喷沙、冒水现象；9~10 度：房屋严重破坏；地表裂缝很多；湖泊、水库中将有大浪出现；部分铁轨弯曲变形；11~12 度：房屋普遍倒塌，地面变形严重，造成巨大的自然灾害。

谁发明了地动仪

我国是世界上地震比较频繁的国家之一，历代王朝都希望尽快了解地震发生的情况，这在交通和通讯条件极差的古代谈何容易。然而，东汉时期的天文学家张衡（78～139)发明了地动仪，解决了这个难题。当时担任太史令的张衡，除了观察天象，还要记录各种灾害。为了记录地震，张衡创造了世界上第一架测定地震方向的地动仪。这架仪器是铜铸的，形状像一个酒坛，四周铸着8条龙，龙头对着东、南、西、北、东南、西南、西北、东北8个方向。龙嘴是活动的，都衔着一颗小铜球。每一个龙头下面，又放置了一个张大了嘴的铜蛤蟆。要是哪个方向发生了地震，正对这个方向的龙嘴就会自动地张开来，铜球恰好会落在铜蛤蟆的嘴里。地动仪才造好不久，也就是公元138年3月1日，正对西方的龙嘴突然张开了，铜球落了下来，掉在下面的蛤蟆嘴里。几天后，陇西(今甘肃省西南部)有人来报告，那一天当地发生了地震。洛阳距陇西大约700千米，地动仪能够感应出这次地震，说明它的灵敏度是很高的。

现代测量地震的仪器是从19世纪中叶才开始研制的，比张衡发明地地动仪大约晚了1700多年。

地震预报难

地震发生在地球之中，震源最深达 700 千米。人们无法直接观察到它是怎样孕育发生的。

地震只是地球运动的一种表现形式，除此之外，地球尚有缓慢运动及各种应变形式。因此，地表观测到的地壳升降变形，地温增高降低，地下水位涨落，地下水质变化，重力场和地磁场变化等，并非都是地震前兆，地震前兆与非震异常无论内容或形态都像孪生兄弟那样相似，往往不易区分开来。

孕育地震的应力场并非理想化的物理场：震中区异常显示早，异常量大；愈往外围，异常显示愈晚，异常量愈小。有时外围地区的一些敏感点(远的在震中千里以外)异常显示比震中区早，异常量也大，地震前兆声东击西，转移了地震学家的注意力，就很可能错报和漏报。而且地震前兆显示的时间过程也是因震而异的。有些地震宏观前兆异常早。有些如唐山大地震宏观异常反应 70%～80%，是出现在震前一天，给地震学家准确预报发震时间带来了困难。

火山的形成

人类历史上最猛烈的一次火山爆发，是 1815 年 4 月 5 日至 7 月 15 日发生于印度尼西亚松巴岛坦博腊火山的火山喷发。4 月 5 日凌晨，一声巨响，人们从酣睡中惊醒！1600 千米外的人们都听到了它的响声。烟云滚滚向天际腾升，大地海洋都在抖动。火山灰弥漫天空，480 千米范围内一片乌黑，有时伸手不见五指，黑幕天达 3 天之久。在爆发过程中，海拔 4101 米的火山，上部被剥掉了 1250 米，丢失的山体约 30 立方千米(700 亿吨)。喷发物的总体积达 151.7 立方千米；喷发时所释放的能量相当于 1975 年我国海城地震所释放能量的 1 万倍！火山停喷后，形成了一个火山口，直径达 6000 米，深度为 700 米。

从火山口里喷出来的液态熔岩，它的温度常在 1000℃以上，犹如沸腾的钢水一般，特别是在晚上看起来更是火光熊熊。熔岩、气体和水汽，它们在地下时是混在一起的，这就是所谓岩浆，当岩浆冲出地面时它们就分道扬镳了。它们在地下所以能混在一起，这是因为地下的压力强大，而冲出地面后压力突然减轻，因此气体和水汽就会迅速分离。所以说，火山是灼热的岩浆从地下冲出来形成的。

地下岩浆的形成

关于地下岩浆的成因，还有不少争论。但可以肯定，地下很热是个根本的原因。在矿井中普遍发现地下的温度随深度的增加而增加，估计地下几十千米的地方热到足以使岩石熔融的程度，不过由于那里所受压力也很大，物质不容易变成液体。因此有人认为，岩浆只是在地壳隆起或地壳产生裂缝因而压力减轻的地带活动，如果那里的地壳很巩固，岩浆便被封闭在地下慢慢地冷却、凝固。根据科学家的研究分析，火山的确多分布在地壳不巩固而使岩浆有机可乘的地区。

火山也有群居之地。世界上火山最多的大洲是古老的非洲，这里有大小火山 9000 余处。这些火山大部分已经熄灭，属于死火山。全洲的活火山仅 30 座，主要分布在东非大裂谷两侧。活火山最多的大洲是亚洲。全球 455 座活火山(包括海中活火山 80 座)中，亚洲占 200 多座。印度尼西亚是火山最多的国家，著名的火山就有 167 座，其中活火山又占 77 座。

火山不避天寒地冻。世界上最冷的大洲南极洲，也有火山分布。南极罗斯岛上的埃里伯斯火山(海拔 3794 米)，是全球最南的火山。

火 山 口

火山口顾名思义就是火山喷发时的出口。它通常位于火山的顶端，是一个圆圆的洼地，形状如碗，它的希腊文名字的意思就是碗。不过用漏斗来形容它也许更合适一些。这个漏斗有一个长长的通道和地下的岩浆相连，当火山喷发的时候，岩浆便从这里冲了出来。

火山口并不是一开始就是今天的样子。墨西哥帕里库丁火山刚刚开始活动的时候，人们亲眼看到了地下仅仅有个几厘米宽的裂缝在冒烟，当时这里也没有什么山，只是一片平平的庄稼地。可是在3小时后裂缝就加宽到9米，喷发逐渐猛烈了。以后，喷出的碎屑物质和熔岩不断在喷火口的周围堆积起来，越堆越高，形成了锥形的山峰，达到了几百米的高度，而火山口也高高地位于山的顶端了。

但是火山并非经常活动，它所能堆积的高度也是有限的。在它暂时停止活动以后，火山口还会因雨水冲刷等作用而破坏。地下的岩浆如果冷凝，体积发生收缩，更会使地壳上层因下面空虚而产生裂罅，火山口四周沿裂罅塌陷，变得很大。有的火山在再一次喷发时，因为地下的岩浆活动特别猛烈，把原来的火山口炸掉一块，有时甚至能把火山锥全部炸掉，仅在平地上留下一个大坑，形成新的火山口。

火山会喷冰

火山的爆发，是由于地球内部的压力最终突破了地壳薄弱地带的结果。因此，每次火山喷发常引起火山口周围岩石的强烈破碎，继而这些碎块便在气体的压力下向四周抛射。火山内部的气体愈多，这种喷发抛射作用也愈强。像冰岛靠近北极圈的高纬度地区，境内有许多地方常年冰雪覆盖，在那些地势较高的火山顶部，冰雪厚度甚至可达 100 米以上。因此，在火山爆发的瞬间，便能一下子抛射出大量来不及融化的冰块。

那么，有没有真的只喷冰块的火山呢？在地球自然条件下不存在，而在一些遥远的宇宙天体内，却常有发生。据科学家们的研究，在一些木星卫星、土星卫星上，冰是这些天体的主要组成物，其厚度达上百千米或几百千米。位于它深部的冰将因受到浅部冰层的巨大压力而转变为具有较大密度值的另一形态的冰，就像地球上的碳在压力下可转化为石墨和金刚石一样。对于这种冰，按其不同性质可称为冰Ⅱ、冰Ⅲ（普通冰称为冰Ⅰ）。这些冰Ⅱ、冰Ⅲ在受到来自更深部的放射性热作用时，又会重新转变为冰Ⅰ，同时体积膨胀，从而产生巨大的压力，挤迫上部的冰壳。一旦冰壳破裂，深部的冰便会伴随水、气一起迅速冲出，形成我们地球上火山喷发一样的冰火山喷发奇观。

火山喷发有益处

火山喷发可以给人们带来一些好处。

第一，它间接地证明了魏格纳的大陆漂移板块说。科学家们认为，地球外壳是由六大板块构成的，而现在世界上六七百座活火山，绝大多数都分布在这种板块的边缘。这就给板块漂移的说法提供了间接的证据。第二，为人类提供科学资料。从火山中喷出来的都是地球深处最新鲜的物质，为地质学家、矿物学家的科学研究提供了许多第一手资料。生物学家在这里掌握到自然界中的生物，如何在这一片失去生命力的火山灰烬中再度滋生繁衍起来的过程。第三，提供能源。美国圣海伦火山爆发，放出来的能量相当于美国投在广岛上的原子弹的 2500 倍。当然，这种形式的能源，目前人类还无力使用，而对爆发后的火山所产生余热的利用，现在已经开始起步。印度尼西亚就在西爪哇岛的卡英亚特建成了一座火山电站，利用火山喷出的蒸气为动力，带动发电机，这是人类开发火山能源的第一次尝试。第四，创造旅游胜地。例如，我国黑龙江小兴安岭下五大连池火山群，留存了火山爆发时造成的许多奇山异石上百处，景色优美壮观，被人称为火山博物馆。

海 啸

海啸多是由于海底发生地震或火山爆发所引起的。我们知道，火山爆发和地震主要发生在地壳比较薄弱或者不稳定的地区。在海洋底部却有很多地方的地壳厚度不到 10 千米，而且海底又有超过几千米的深海沟和一些高起的山脉，地壳也不稳定。所以海底地壳常常会发生巨大的断裂，使一部分海底升起，另一部分海底沉陷，形成地震，在海洋中激起狂涛巨浪。在地壳断裂时，如果地下的岩浆乘隙喷发，就形成海底火山爆发现象，对于海水的激动力量往往比单纯的海底地震更大，不仅会造成海啸，还能使海水沸腾涌起水柱，使鱼虾大量死亡，漂浮海面。由于这种海啸主要是在海底地震影响下发生的，所以一般称为地震海啸。另外还有一种海啸，人们叫它气象海啸风暴潮。

夏、秋之交，正是台风侵袭沿海之时，岸边海水急剧堆积，往往会形成风暴增水。若再与海洋中的潮汐变化相配合，就会引起异常高潮出现并伴有巨大的拍岸浪，加剧堤岸的溃毁。有时还顶托洪水下泄，造成外淹内涝、纵深范围更大的灾害。风暴潮的灾害几乎遍及世界上所有的沿海地带，其分布范围之广、危害程度之深，要比地震海啸有过之而无不及，所以有人又把它叫作“气象海啸”或“风暴海啸”。

一年有多少天

提出这个问题，看来挺可笑。一年不就是365天5小时46分45.6秒吗？难道一年的天数还有其他数字吗？不错，地球公转一周的时间，是科学发展后，人们精确计算的结果。然而在人类的历史上，确实存在许多长短不等的年。人们研究了地球自转速度在地质年代中的变化，推算出5.7亿年以前，一昼夜只有21小时，这一点和古生物学研究的结果是一致的。人们计算的结果，可用下表表示：

年　代	一年天数	年　代	一年天数
13亿年前	507	1.35亿年前	376
5.7亿年前	421	6500万年前	371
4亿~3.5亿年前	400	现在	365
3.5亿~2.8亿年前	395	1.8亿年后	350
2.3亿年前	385	2.3亿年后	300

一天从哪里开始

16 世纪，葡萄牙航海家麦哲伦率领一支由 5 条帆船组成的船队，从西班牙的圣路卡尔迪巴拉麦达港出发，向西作环球探险旅行。麦哲伦在旅途中遇难而献身，他的船队最后只剩下一条叫维多利亚的小帆船，在海上漂泊了将近 3 年的时间，历尽千辛万苦，终于在 1522 年 9 月 6 日抵达佛德南岛。那里离西班牙只有一天的航程了，船员们非常高兴，准备上岛游玩一番。当他们登上海岛后，发现岛上的日期是 9 月 7 日。当时，谁也说不清为什么船上的日期和岛上的日期相差一天。这一天究竟到哪里去了呢？

原来，地球是在不停地由西向东自转着的。这样，在地球东西方向作长距离旅行时，旅行者所经历的一天时间就不会正好是 24 小时：向西走时长些，向东走时则短一些。维多利亚号小船向西航行，在帆船抵达佛德角时，刚刚好晚了一天，即少去的一天就是这样不知不觉地溜走了。

为了解决环球旅行的日期矛盾，1884 年在华盛顿举行了一次国际会议，给日期规定了一条起跑线，即国际日期交更线，又叫日界线。它从地球的北极开始，经过阿留申群岛，向南穿过太平洋直到南极。新的一天就从这条线的西侧开始，然后顺序西移，回到这条线的东侧结束。

南极会变成绿洲

三十多年来，南极大陆发生了变化。英国南极考察队从 20 世纪 60 年代开始，在位于南极半岛南纬 65 度附近的加林德图岛、温特岛和斯库阿岛上作科学考察。这里气候较为温暖，年降水量有 600 毫米，这些岛上的植物正在迅速繁殖起来。因为气温升高，冰的表面融化，长期被冰冻的种子解冻后发芽了，新的物种正在出现。考察队对岛上的南极发草和南极绿石竹进行了测量。1964 年，这两种开花种子植物只稀疏地存在。到了 1990 年有了飞速的扩展。从群体上看，植株的茎越来越粗，如南极绿石竹群体 1964 年植物直径最大的不到 9 厘米，而到 1990 年发现有 18 厘米以上的大群体。从株数上看，在加林德图岛上的南极发草 1964 年有 700 株，而到 1990 年已繁殖到 1.75 万株，增加 25 倍。南极绿石竹，1964 年只有 60 株，到 1990 年增加到了 380 多株，增加 6 倍以上。

严寒的南极，一些高等植物所以能在这里发芽生长，是由于地球变暖的结果。据英国考察，南极半岛的气温从 1964 年至 1990 年间平均上升 0.5℃左右。植物生长期限大约延长了 2 周。由于气温升高，冰层表面融化，冰上出现了小水坑。植物有了水又加上生长期延长，自然就繁殖起来了。南极变为绿洲是很可能的。

南极洲富有魅力

被人称为世界冰箱的南极洲，是地球上最冷的大陆。1960年，这里测得世界上的绝对最低气温是 -88.3℃；1967年又记录到 -94.5℃的气温。这里常年狂风怒吼，成为世界风极。

南极洲是地球上唯一没有工业污染的大陆。这里空气清洁，大气能见度极高，400千米以外的山峰，其轮廓清晰可辨，每立方米空气的霾颗粒仅有几毫克重，比起北冰洋上空少20倍。因此，对于环境科学家来说，南极洲是监测污染物在全球性大气层中蔓延的程度的理想场所。

南极洲这个被4000多米厚的冰层所紧锁的大地，记载着地球表面几十万至几百万年来的温度变迁。目前这一仍处于冰期之中的大陆，可以帮助人类了解过去曾影响地球广大地区的冰期，以及未来的冰期。这个大陆蕴藏着世界全部永久冰面积的95%，它的冰帽究竟是在增生还是正在缩小，这是关系到人类生活的重大问题。如果这些冰层融化，将使世界海平面上升60米。南极洲又是整个南半球的一座气象工厂，温暖的气流向南流向南极洲，变冷、下降并再回流到热带地区，于是构成一个全球性的大气环流。弄清楚气流的情况，就可以掌握气象的趋势和发展。因此对于气象学家和冰川学家来说，南极洲是最有魅力的地方。

南极洲的价值

在这冰封千里的白色荒漠里，大约有2‰的绿洲。这里的湖泊有脆弱而简单的生态系，在生态学家看来，是研究生物与其生活环境之间关系的天然户外实验室。现在已有不少生物学家在这里研究水生生物的代谢作用，这些生物包括与依附于湖底沉积物的藻类相关联的整个生命世界。

对于海洋生物学家来说，南极洲周围的水域，是世界上海洋生物最丰富的地区，在那里，沉向海底的冷水流把营养物质翻了上来，从而为海洋生物提供了丰富的食物。研究这里的海洋生物，具有重大的科学价值。

对于动物学家来说，南极洲靠海洋冰川生活的海豹、企鹅和生活在冰下水中的鱼类虾类，是研究生物对极端环境条件适应性的最好源泉。

对微生物学家来说，生存于南极洲岩石和土壤裸露处的细菌和其他微生物，将为寻找其他行星、特别是气候类似南极的火星上可能存在的原始微生物提供了线索。

在地球物理学家看来，南极洲是磁场磁力线向下到达地球表面的唯一地区，在那里，低能量宇宙线能穿过大气层，因而为全面研究地球的电磁特性提供了研究中心。

海市蜃楼

江苏连云港海州湾：1985 年 6 月 26 日，出现过一次巨大的海市蜃楼。蜃景长约 30 千米，其形状像一幅水墨山水画，时而静止，时而浮动，十分壮观，约 20 分钟后蜃景消失。

山东长岛县：1985 年 7 月 26 日，在高山岛西北约 20 千米的海面上，突然出现了一座从未见过的大岛，胜景持续 1 小时后才消失。

河北北戴河东联峰山：据当地史载，这儿常出现海市蜃楼，有时是城市阵容，有时是海岛青山。海市蜃楼皆虚无缥缈，状若仙境，当地人称之为联峰海市。

山东蓬莱县蓬莱阁：蓬莱阁在历史上出现过许多次著名的海市蜃楼。北宋诗人苏东坡在这里写下了著名的《海市诗》："东方云海空复空，群仙出没空明中，荡摇浮世生万象，岂有贝阙藏珠宫"。

浙江东海普陀山：据史料记载，海天佛国普陀山，历史上出现过许多次海市蜃楼。1916 年 8 月 25 日，革命先驱者孙中山观察普陀山时在佛顶山慧济寺前，看到了蔚为壮观的海市蜃楼，只见不远处一幢绚丽多彩的牌楼矗立在空中，牌楼正中有一飞转的火轮。此景持续了 3 分钟。

泥石流

泥石流是一种包含大量泥沙石块的特殊洪流。它是一种山区自然灾害，具有极大的破坏力。它的分布很广泛，在我国西南、西北、华北等地的多山地区都会出现，有的称之为冰川爆发、打地炮、水炮，北京郊区的西山一带也有，人们称它为“龙扒”。

泥石流爆发的情景，说来使人触目惊心。当它突然爆发时，山谷中响起巨大的雷鸣般的轰响，顿时黑烟突起，地动山摇。接着山谷中奔腾咆哮的强大激流，挟带着泥沙石块，犹如一条高达十来米的黑色巨龙，从高山漫天盖地汹涌而下。石块在激流中撞击翻腾，千吨巨石就像一只小船，荡漾着飘浮前进，通常以每秒钟 2～3 米的流速向前运动。为什么这么大的石块能流动前进呢？这是因为这种泥石流，非常黏稠，泥沙石块的体积占总流的 40%～75%，它有一定的容重力，我们称它为结构性泥石流。还有一种黏稠度较差，容重力小的，称为紊流性泥石流，这种泥石流挟带的石块要小一些。

泥石流的形成

泥石流对山区建设，有着很大的危害，它可以冲垮公路、桥梁，毁灭成片的森林，摧毁建筑，使人们的生命财产遭到损失，因此在山区建设中应该密切注意。为了弄清它的奥秘，防止它的破坏性，我国一支年轻的科学队伍，不畏艰辛，跋涉在群山峻岭，出入于丛林山谷之间，住宿于荒岭山巅之上，经过 4～5 年的考察研究，终于弄清了泥石流爆发的原因、条件和活动特点，提出了比较系统的、完整的科学论据。

泥石流的形成区，主要在地形陡峻的山谷，因为长年累月的冰雪溶化，雨水冲刷着山坡的松散物质，山谷中堆积了大量的泥沙石块，当大量的水超过了山谷堆积物的饱和度时，便产生了动能，使泥石流冲出山谷，直流而下。

科学教育影片《泥石流》，就是在我国西藏地区泥石流爆发区拍摄下来的真实记录。这个地区的泥石流和冰川有关，我们称它为冰川泥石流。这里泥石流的特点是爆发频繁，甚至有的在一处山谷中，相隔 10～20 分钟，连续爆发两次。这部影片的摄影师，为了让观众看清楚泥石流的运动，冒着生命危险，在陡峭的山头上，在大雨中，日夜地守候着泥石流的爆发，才拍下了成功的镜头。这部影片，不但教人以知识，而且为山区建设，提供了可靠的地形参数，同时也为我国科学研究工作，记录下了难能可贵的资料。

保护湿地

湿地是陆地上常年有薄层积水或土壤过湿的地段。许多人把湿地看成废地，实际上，湿地不仅是许多生物安身立命的领地，而且与人类健康关系密切。

湿地是一种水域生态系统。水稻、荸荠、莲藕、菱角等都是湿地生长的主要植物，它们是生物金字塔的塔基，是食物链的基本环节，高居于“生物金字塔”之上的人类，要从身为塔基的植物里取得营养。湿地生长着功效卓著的药用植物和五花八门的蜜源植物。湿地是鱼类繁殖和育肥的场所，全世界有 2/3 的渔业，集中在潮滩地，我国的珠江三角洲、洞庭湖区等，是闻名遐迩的鱼米之乡。

湿地堪称净化环境的地毯。湿地的作用像过滤容器，它通过致密的植被和土壤使水纯化。特别是泥炭有较高的吸附能力，可净化泥水中油脂、重金属化合物，并能吸收空气中的粉尘和所携带的病原微生物，从而起到净化空气的作用。同时，湿地如同海绵，能汇集和容纳大量的水分。这样，既可缓和洪峰的袭击，又能为人们提供饮用水源，还可调节气候，使人类受益匪浅。

几十年来，我国在综合调查的基础上，建立起不同类型的湿地保护区，努力做到合理的开发和利用。

泉洞口流出鱼来

在湖南省石门县，有大小鱼泉数十处。有的每年出鱼一次，有的一年出鱼数月，有的常年游鱼不断，有的雷鸣水涨鱼方出……鱼泉是怎样形成的，石门为什么鱼泉多？原来，石门县石灰岩层多，全县42个乡，有35个乡遍布石灰岩。由于地下水长年累月对周围岩石进行溶解、浸蚀，在地面形成众多的天坑，在地下形成无数的地下河，地下河水通过洞口往外流淌，就成了泉。

人们通过长期的观察和探索，已经初步揭开了鱼泉形成的奥秘。地下河出水形成鱼泉，只有在下列情况下才有可能。一是地下河要通过岩石裂缝或天坑与地面沟通。这样，地下河汇水范围内的池塘、水库、溪流中的鱼，在涨水时，由池塘、水库、溪流中漫出，从岩石裂缝、天坑进入地下河，再从地下河游出洞口，形成鱼泉。二是地下河与遥远的地表河流沟通。鱼从远处进入地下河，经过长途跋涉，再从石门的泉洞出口，形成鱼泉。三是地下河与地表河流沟通。由于地下河受气温变化的影响较小，水温变化不大，冬暖夏凉。一到深秋，气温下降，河鱼便结队入洞过冬。第二年春天，鱼群又从地下河游入地面河觅食、繁殖，形成鱼泉。

最大岩溶分布区

世界最大的岩溶分布区在我国广西、云南、贵州一带。总面积约55万平方千米。其中广西的岩溶面积就占60%，云、贵也有大面积的岩溶分布区。

溶岩又叫石灰岩，石灰岩地貌又叫“喀斯特地貌”，也叫“岩溶地貌”。石灰岩岩石坚硬，不会像花岗岩那样风化成土壤，但是容易被水溶解。溶解作用沿节理进行，使岩石分裂成许多峻峭的山峰，叫做峰林或石林。由于缺乏风化物质，所以山坡、山麓都缺少土壤覆盖。这种美丽如画的景观，在广西的桂林阳朔一带最为突出，所以有“桂林山水甲天下，阳朔山水甲桂林”的美名。

虽然同属于石灰岩地貌，也有不同的类型，例如柳州就和桂林不同。桂林属厚质石灰石地区，峰林地貌到处都比较发达。而柳州一带却是石灰岩和其他岩石相同的地区，山麓堆积物比较多，往往是圆锥形的孤峰，疏疏落落地点缀在地面上。在石灰岩地区内，由于溶蚀作用的逐渐深入，常常造成地下裂隙和空洞，地面陷落后就形成各种圆洼地或峡谷。有的圆洼地有积水，就成为潭或池；有的和“伏流潜通”，水由地下行，成为地下河。

石灰岩地貌的另一个显著特点，是岩洞众多。而且有的岩洞内由于溶蚀水中碳酸钙的重新结晶作用，常常形成“石钟乳”和“石笋”。

石林的形成

石林在昆明市东南120千米的路南彝族自治县境内，面积2.7万公顷。大自然以它神奇的力量造就这一奇观。石林区内奇峰错落，万态千姿，有的矗立如林；有的峻拔如墙；有的拱抱如门，重重叠叠，层出不穷。许多石峰恰似各种生物，形态逼真，栩栩如生。有著名的“凤凰梳翅”“双鸟渡食”“象踞石台”“灵芝台”等，真是形神具备，惟妙惟肖。

关于石林的由来，亘古以来就有很多奇妙的神话传说。但神话毕竟是神话，石林的诞生，有着它自己的奥秘。通过地质地理工作者的辛勤考证，使我们了解到它的一些底细：原来，路南一带有大面积的厚层石灰岩，石灰岩容易被水溶解形成裂隙，久而久之，裂隙渐渐加深、拓宽，就成为支离破碎的芽状的岩体。路南地区石灰岩的层面平缓，石芽彼此分离之后，仍然稳立于地。在距今2.8亿千万年以前的古生代石炭纪时，这里是一片浩瀚的大海，后经地壳多次演变，海水逐次退去，岩石渐渐上升为陆地，受到海水和含碳酸水的不断冲刷、侵蚀，经过长时间的作用，终于把这里变成了琳琅满目、千奇百怪的石林。被地下水侵蚀成的洞穴，在地壳上升之后，露出地面，成了各式各样迷宫般的溶洞。而那些溶蚀的洼地积水之后，就成了湖泊。

哪里的温泉最多

在我国 960 万平方千米的土地上，温泉众多。据统计，全国有 2000 多处。温泉有低温(20℃～40℃)、中温(40℃～60℃)、高温(60℃以上)之分，还有超过 100℃的过热泉。按其性质而言，有单纯泉、硫黄泉、碳酸泉、食盐泉、碱泉和放射性泉等多种类型。

在我国，温泉最多的是云南省，有 400 多处，主要在滇池、腾冲、安宁等地。腾冲县号称地热之乡，其中硫黄塘一带，热气热泉遍地喷涌，经常热雾弥漫，风光绮丽。

众多的温泉，蕴藏着丰富的地热资源，在工农业生产和生活中利用温泉热日益增多。我国利用地热发电已取得了可喜成果。我国还是世界上最早利用温泉发展农业生产的国家。唐代王建有"酒幔高楼一百家，宫前杨柳寺前花，内园分得温汤水，二月中旬已进瓜"的诗句，表明 1000 多年前，在寒冷的冬天利用温泉水培育农作物，使 2 月中旬能向宫廷进瓜。如今应用温泉热能越来越多，如建立温室进行育秧、生产蔬菜瓜果、养殖鱼虾、烘干农副产品、孵化育雏以及生活取暖等。

大气的气体组成

据人造地球卫星探测的资料表明，地球的周围有一层厚度极大的大气层。大气没有上界，只不过是自下而上逐渐变得稀薄。对人类影响最大的是离地面 11 千米内的大气层。人们和它的关系，犹如鱼儿离不开水一样息息相关。各种天气现象如风、云雾、雨雪、雷电、龙卷、冰雹、台风等都发生在这一大气层里。大气的成分中含量最高的是氮气，大约占空气总体的 78%。氮气是一种不活泼气体，是植物必须的养料，地球上的植物每年要吸收约 2500 万吨氮。大气的成分中第二高的是氧气，大约占空气总体的 21%。氧气是呼吸和燃烧必须的气体，没有它地球上就没有生命。此外，还有二氧化碳、臭氧、氢、氖、氦、氙等气体，它们总共只占空气总体的 1%。它们虽然很少，但却有重要的作用。如二氧化碳对植物生长非常重要，植物在进行光合作用时以二氧化碳作为原料，植物本身有 45%～50%是由碳组成的，大部分是从空中二氧化碳中获得的。臭氧主要集中在离地面 20～30 千米的高空，它虽然很少，但对天气的冷暖有很大的调节作用，它还能吸收强烈的紫外线，这样对动植物起到了保护作用，使之不受强烈的紫外线危害。大气中还有占空气总体 4%的水蒸气，它能随温度变化而变化，如水蒸气变冷能凝结成水滴，所以是成云致雨的重要条件。